图书在版编目（ＣＩＰ）数据

市政工程消耗量定额：ZYA 1-31-2015.第 6 册.水处理
工程／住房和城乡建设部标准定额研究所主编.—北京：中
国计划出版社,2015.7
ISBN 978-7-5182-0170-9

Ⅰ.①市…　Ⅱ.①住…　Ⅲ.①市政工程-消耗定额-
中国②水处理-市政工程-消耗定额-中国　Ⅳ.①TU723.3

中国版本图书馆 CIP 数据核字（2015）第 118099 号

市政工程消耗量定额
ZYA 1-31-2015
第六册　水处理工程
住房和城乡建设部标准定额研究所　主编

中国计划出版社出版
网址：www.jhpress.com
地址：北京市西城区木樨地北里甲 11 号国宏大厦 C 座 3 层
邮政编码：100038　电话：（010）63906433（发行部）
新华书店北京发行所发行
三河富华印刷包装有限公司印刷

880mm×1230mm　1/16　12.5 印张　374 千字
2015 年 7 月第 1 版　2015 年 7 月第 1 次印刷
印数 1—5000 册

ISBN 978-7-5182-0170-9
定价：69.00 元

中华人民共和国住房和城乡建设部

市政工程消耗量定额

ZYA 1-31-2015

第六册 水处理工程

中国计划出版社

2015 北 京

主编部门:中华人民共和国住房和城乡建设部

批准部门:中华人民共和国住房和城乡建设部

施行日期:2 0 1 5 年 9 月 1 日

住房城乡建设部关于印发《房屋建筑与装饰工程消耗量定额》、《通用安装工程消耗量定额》、《市政工程消耗量定额》、《建设工程施工机械台班费用编制规则》、《建设工程施工仪器仪表台班费用编制规则》的通知

建标〔2015〕34 号

各省、自治区住房城乡建设厅,直辖市建委,国务院有关部门:

为贯彻落实《住房城乡建设部关于进一步推进工程造价管理改革的指导意见》(建标〔2014〕142号),我部组织修订了《房屋建筑与装饰工程消耗量定额》(编号为 TY 01—31—2015)、《通用安装工程消耗量定额》(编号为 TY 02—31—2015)、《市政工程消耗量定额》(编号为 ZYA 1—31—2015)、《建设工程施工机械台班费用编制规则》以及《建设工程施工仪器仪表台班费用编制规则》,现印发给你们,自2015 年 9 月 1 日起施行。执行中遇到的问题和有关建议请及时反馈我部标准定额司。

我部 1995 年发布的《全国统一建筑工程基础定额》,2002 年发布的《全国统一建筑装饰工程消耗量定额》,2000 年发布的《全国统一安装工程预算定额》,1999 年发布的《全国统一市政工程预算定额》,2001 年发布的《全国统一施工机械台班费用编制规则》,1999 年发布的《全国统一安装工程施工仪器仪表台班费用定额》同时废止。

以上定额及规则由我部标准定额研究所组织中国计划出版社出版发行。

中华人民共和国住房和城乡建设部
2015 年 3 月 4 日

总　说　明

一、《市政工程消耗量定额》共分十一册,包括:

第一册　土石方工程

第二册　道路工程

第三册　桥涵工程

第四册　隧道工程

第五册　市政管网工程

第六册　水处理工程

第七册　生活垃圾处理工程

第八册　路灯工程

第九册　钢筋工程

第十册　拆除工程

第十一册　措施项目

二、《市政工程消耗量定额》(以下简称本定额)是完成规定计量单位分部分项工程所需的人工、材料、施工机械台班的消耗量标准,是各地区、部门工程造价管理机构编制建设工程定额确定消耗量、编制国有投资工程投资估算、设计概算、最高投标限价的依据。

三、本定额适用于城镇范围内的新建、扩建和改建市政工程。

四、本定额以国家和有关部门发布的国家现行设计规范、施工及验收规范、技术操作规程、质量评定标准、产品标准和安全操作规程,现行工程量清单计价规范、计算规范和有关定额为依据编制,并参考了有关地区和行业标准、定额,以及典型工程设计、施工和其他资料。

五、本定额按正常施工条件,国内大多数施工企业采用的施工方法、机械化程度和合理的劳动组织及工期进行编制。

1.设备、材料、成品、半成品、构配件完整无损,符合质量标准和设计要求,附有合格证书和实验记录。

2.正常的气候、地理条件和施工环境。

六、关于人工:

1.本定额中的人工以合计工日表示,并分别列出普工、一般技工和高级技工的工日消耗量。

2.本定额中的人工包括基本用工、超运距用工、辅助用工和人工幅度差。

3.本定额中的人工每工日按8小时工作制计算。

七、关于材料:

1.本定额中的材料包括施工中消耗的主要材料、辅助材料、周转材料和其他材料。

2.本定额中的材料消耗量包括净用量和损耗量。损耗量包括:从工地仓库、现场集中堆放地点(或现场加工地点)至操作(或安装)地点的施工场内运输损耗,施工操作损耗,施工现场堆放损耗等,规范(设计文件)规定的预留量、搭接量不在损耗率中考虑。

3.本定额中的混凝土、沥青混凝土、砌筑砂浆、抹灰砂浆及各种胶泥等均按半成品消耗量以体积(m³)表示,混凝土按运至施工现场的预拌混凝土编制,砂浆按预拌砂浆编制,定额中的混凝土均按自然养护考虑。

4.本定额中未考虑现场搅拌混凝土子目,实际采用现场搅拌混凝土浇捣,人工、机械具体调整如下:

(1)人工增加0.80工日/m³;

(2)混凝土搅拌机(400L)增加0.052台班/m³。

5.本定额中未考虑普通现拌砂浆子目,实际采用现场拌和水泥砂浆,人工、机械具体调整如下:

(1)人工增加 0.382 工日/m³;

(2)扣除定额预拌砂浆罐式搅拌机机械消耗量,增加灰浆搅拌机(200L)0.02 台班/m³。

6.本定额中的周转性材料按不同施工方法,不同类别、材质,计算出一次摊销量进入消耗量定额。

7.本定额中的用量少、低值易耗的零星材料,列为其他材料。

八、关于机械:

1.本定额中的机械按常用机械、合理机械配备和施工企业的机械化装备程度,并结合工程实际综合确定。

2.本定额中的机械台班消耗量是按正常机械施工工效并考虑机械幅度差综合取定的。

3.凡单位价值 2000 元以内、使用年限在一年以内的不构成固定资产的施工机械,不列入机械台班消耗量,作为工具用具在建筑安装工程费中的企业管理费考虑,其消耗的燃料动力等列入材料。

九、施工与生产同时进行、在有害身体健康的环境中施工时的降效增加费,本定额未考虑,发生时另行计算。

十、本定额适用于海拔 2000m 以下地区,超过上述情况时,由各地区、部门结合高原地区的特殊情况,自行制定调整办法。

十一、本定额中注有"××以内"或"××以下"者,均包括××本身;注有"××以外"或"××以上"者,则不包括××本身。

十二、凡本说明未尽事宜,详见各册、各章说明和附录。

册 说 明

一、第六册《水处理工程》(以下简称本册定额),包括水处理工程构筑物、设备安装、措施项目,共三章。

二、本册定额适用于全国城乡范围内新建、改建和扩建的净水工程的取水、净水厂、加压站;排水工程的污水处理厂、排水泵站工程及水处理专业设备安装工程。

三、本册定额的主要编制依据:

1.《全国统一市政工程预算定额》GYD—1999;

2.《全国市政工程统一劳动定额》LD/T 99.1—2009;

3.《市政工程工程量计算规范》GB 50857—2013;

4.相关省、市、行业现行的市政预算定额及基础资料。

四、本册定额除另有说明外,各项目中已包括材料、成品、半成品、设备机具自工地现场指定堆放地点运至操作安装地点的场内水平和垂直运输,水平运距是按150m考虑的(垂直运距按水平运距1/7折算)。实际运输距离超出部分或因施工现场环境、场地条件限制不能将材料或设备直接运到施工操作安装地点,必须进行二次运输或转堆时,在施工组织设计获得批准后可计算重复装卸、运输费用。

五、本册说明未尽事宜见各章节说明。

目　录

第三章　措施项目

第一章　水处理构筑物

（040601）

说　　明

一、本章定额包括沉井、混凝土池类及其他混凝土构件、滤料敷设、变形缝、防水防腐、井、池渗漏试验等构筑物项目,适用于新建、改建和扩建的以市政工程为主体的市政水处理构筑物,包括市政广场、枢纽中的水处理构筑物;以建筑工程为主体的建筑物和建筑小区中的构筑物可执行《房屋建筑与装饰工程消耗量定额》相应项目。

二、构筑物及构筑物装饰分别执行本章定额及市政桥涵工程相关定额,构筑物装饰子目不足的可参照《房屋建筑与装饰工程消耗量定额》执行。水处理厂、站内的建筑物,可执行《房屋建筑与装饰工程消耗量定额》相应子目。凡构筑物上存在建筑物的,在建筑物水平投影范围内,包括地面装饰执行《房屋建筑与装饰工程消耗量定额》相应项目。

在建筑物内与水处理工艺相关的池、井执行本章定额。在建筑物内的各类沟、槽执行《房屋建筑与装饰工程消耗量标准》相应项目。

构筑物上有上部建筑的,则构筑物与上部建筑的划分,应以构筑物池结构顶设计标高为界。

三、水处理构筑物中的钢筋、铁件执行第九册《钢筋工程》相应项目。

四、水处理构筑物中的混凝土楼梯、金属扶梯、栏杆执行《房屋建筑与装饰工程消耗量定额》相应项目。

五、水处理构筑物中的刚性、柔性防水套管制作安装,执行《通用安装工程消耗量定额》的相应项目。

六、水处理构筑物刚性防水、柔性防水、防水防腐等项目执行本章相应项目,不足项目执行《房屋建筑与装饰工程消耗量定额》相应项目。

七、构筑物混凝土未包括外加剂,设计要求使用外加剂时,可根据其种类和设计掺量另行计算。

八、构筑物混凝土项目是按照非泵送混凝土编制的,实际采用泵送混凝土施工时,采用本章预拌混凝土输送及泵管安拆、使用相应项目的,每 10m³ 混凝土按下表所列部位扣减场内运输人工工日数,其他不变。

序　号	项 目 名 称	扣减场内运输人工工日
1	池底	1.84
2	池壁	7.54
3	柱、梁	4.89
4	池盖	4.28
5	板、槽等其他结构构件	4.09

九、各节有关说明。

1. 沉井:

(1)沉井下沉区分人工、机械挖土,分别按下沉深度 8m、12m 以内陆上排水下沉施工方式编制。采用不排水下沉等其他施工方法及下沉深度不同时,执行第四册《隧道工程》相应项目。

(2)沉井下沉项目已综合考虑了沉井下沉的纠偏因素,不另计算。

(3)沉井洞口处理采用高压旋喷水泥桩和压密注浆加固的,执行第二册《道路工程》相应项目,人工、机械乘以系数 1.1。

(4)钢板桩洞口处理项目适用于本册的顶管工作井、接收井采用沉井方法施工顶进管涵穿越井壁洞口时的加固支护。钢板桩洞口处理项目已综合考虑土壤类别和钢板桩桩型,钢板桩桩长按 12m 以内考虑,项目中已包含钢板桩打入和拔除的工作内容,不得再重复计算。

（5）深层搅拌水泥桩洞口处理项目适用于本册采用沉井方法施工的给排水管、涵顶管工作井、接收井穿越井壁洞口加固支护。搅拌桩洞口处理已综合考虑了加固施工作业特点以及在地下市政管线中施工的降效等因素。

沉井截水帷幕采用搅拌桩方式的，应执行本章现浇钢筋混凝土池底水泥土搅拌桩截水帷幕－复合地基相应项目，其中，喷浆（粉）桩体消耗量已包含停浆（灰）面高于桩顶设计标高 500mm 的工作内容。

（6）沉井混凝土底板滤鼓项目中焊接钢管消耗量是按一般情况综合取定，实际不同时，均按本章相应项目执行。

（7）沉井采用混凝土干封底、水下混凝土封底时，执行第四册《隧道工程》相应项目。

2. 池类：

（1）格形池格数大于或等于 6 且每格长度和宽度小于或等于 3m 时，池壁执行同壁厚的直型池壁项目，人工乘以系数 1.15，其他不变。

（2）池壁挑檐是指在池壁上向外出檐作走道板用；池壁牛腿是指池壁上起承托作用的出挑结构。

（3）后浇带项目已综合钢丝网相应含量，不另计算。后浇带模板执行本册第三章"措施项目"中相应池底、壁、盖后浇带模板项目。

（4）无梁盖柱包括柱帽及柱基。

（5）井字梁、框架梁均执行连续梁项目。

（6）截面在 200mm × 200mm 以内的混凝土柱、梁执行小型柱、小梁项目。

（7）混凝土、砖砌圆形人孔井筒附属配套的钢筋混凝土井盖、井圈制作以及铸铁、复合材料等定型成品标准件井盖、座安装项目，执行第五册《市政管网工程》相应项目；井筒壁内外防水抹面执行本册防水项目。

（8）现浇混凝土滤板项目中已包含 ABS 塑料一次性模板的使用量，不得另外计算。

（9）排水盲沟时执行第二册《道路工程》相应项目。

（10）本章混凝土养护是按草袋养护编制，如实际采用薄膜养护，换算方法为：塑料薄膜定额使用量 ＝ 草袋定额使用量 ×0.42m² ×5；同时，每 10m³ 混凝土扣减定额项目相应用水消耗量 0.03m³。

（11）悬空落泥斗按落泥斗相应项目人工乘以系数 1.4，其他不变。

（12）异形填充混凝土项目适用于各类池槽底、壁板等构件由工艺设计要求所设置的特定断面形式填料层。

（13）砌砖项目按标准砖 240 ×115 ×53（mm）规格编制，轻质砌块、多孔砖规格按常用规格编制。使用非标准砖时，其砌体厚度应按实际规格和设计厚度计算，按材质分类、换算。

（14）混凝土池壁、柱（梁）、池盖项目按在设计室外地坪以上 3.6m 以内编制，如超过 3.6m 者：

①采用卷扬机施工的：每 10m³ 混凝土增加卷扬机（带塔）和人工消耗量详见下表：

序　号	项 目 名 称	增加人工工日	增加卷扬机（带塔）台班
1	池壁、隔墙	7.83	0.59
2	柱、梁	5.49	0.39
3	池盖	5.49	0.39

②采用塔式起重机施工时，每 10m³ 混凝土增加塔式起重机消耗量见下表：

序　号	项 目 名 称	增加塔式起重机台班
1	池壁	0.319
2	隔墙	0.51
3	柱、梁	0.51
4	池盖	0.51

3. 预制混凝土构件:

(1) 混凝土槽项目中已包含所需要预埋的塑料集水短管的人工及材料消耗量,实际不同时塑料集水短管消耗量可以调整,其他不变。集水槽若需留孔时,按每 10 个孔增加 0.3 工日。

(2) 混凝土滤板项目中已包含所需要预埋的 ABS 塑料滤头套箍的人工和材料消耗量,滤头套箍的数量可按实调整。

4. 防水防腐:构筑物防水防腐材料的种类、厚度,设计要求与定额项目取定不同时,材料可以换算,其他不变。

5. 变形缝:

(1) 各种材质填缝的断面取定如下表:

序　号	项 目 名 称	断面尺寸(宽×厚)(mm)
1	建筑油膏、聚氯乙烯胶泥	30×20
2	油浸木丝板	150×25
3	紫铜板止水带	450(展开宽)×2
4	钢板止水带	400(展开宽)×3
5	氯丁橡胶止水带	300(展开宽)×2
6	其余	150×30

(2) 如实际设计的变形缝断面与上表不同时,材料用量可以换算,其他不变。

6. 井、池渗漏试验:

(1) 井池渗漏试验容量 500m³ 以内项目适用于井或小型池槽。

(2) 井、池渗漏试验注水按电动单级离心清水泵编制,项目中已包括了泵的安装与拆除用工,不得再另计。

工程量计算规则

一、沉井：

1. 沉井垫木按刃脚中心线以长度计算。

2. 同一侧沉井井壁及隔墙结构设计采用变截面断面时，按平均厚度以体积计算。

3. 沉井砂石料填心的工程量，按设计图纸或批准的施工组织设计计算。

4. 沉井下沉人工(机械)开挖按刃脚外壁所围面积乘以下沉深度以体积计算。

5. 钢板桩洞口处理依据设计图纸或批准的施工组织设计，按设计贯入土深度及断面以质量计算。

6. 搅拌桩洞口处理按设计图纸或批准的施工组织设计注明的加固深度以长度计算。

二、混凝土池类：

1. 各类混凝土构件按设计图示尺寸，以混凝土实际体积计算，不扣除混凝土构件内钢筋、预埋件及墙、板中单孔面积 $0.3m^2$ 以内的孔洞体积。

2. 平底池的池底体积，应包括池壁下与底板相连的扩大部分(腋角)；池底带有斜坡时，斜坡部分应按坡底计算；锥形底应算至壁基梁底面，无壁基梁者算至锥底坡的上口。

3. 池壁结构设计采用变截面断面时，按平均厚度以体积计算。池壁高度以自池底板顶面算至池盖底面。池壁与池壁转角处设计图纸加设腋角的，其体积并入池壁计算。

4. 无梁盖柱的柱高，以自池底顶面算至池盖底面，并包括柱座、柱帽的体积。

5. 混凝土整体滤板分不同板厚乘以面积以体积计算，不扣除预埋滤头套箍所占体积，与整体滤板连接的梁、柱执行梁、柱相应项目。

6. 无梁盖应包括与池壁相连的扩大部分(腋角)体积；肋形盖应包括主次梁及盖部分的体积，球形盖应自池壁顶面以上，包括侧梁的体积在内。

7. 沉淀池水槽系指池壁上的环形溢水槽及纵横 U 形水槽，不包括与水槽相连的矩形梁，矩形梁执行梁的相应项目。

8. 砖砌体厚度按以下规则计算：

(1)标准砖尺寸以 $240 \times 115 \times 53(mm)$ 为准，其砌体厚度按下表计算。

标准砖砌体计算厚度表

砖数(厚度)	1/4	1/2	3/4	1	1.5	2	2.5	3
计算厚度(mm)	53	115	180	240	365	490	615	740

(2)使用非标准砖时，其砌体厚度应按砖实际规格和设计厚度计算。

三、预制混凝土构件：

1. 预制钢筋混凝土滤板按板厚乘以面积以体积计算，不扣除预埋滤头套箍所占体积。

2. 除钢筋混凝土滤板外其他预制混凝土构件均按图示尺寸以体积计算，不扣除 $0.3m^2$ 以内的孔洞体积。

3. 玻璃钢、塑料折板安装区分材质均按图示设计尺寸以面积计算，混凝土折板安装按设计图示尺寸以体积计算。

4. 本章预制混凝土构件运输及安装损耗率，在预制钢筋混凝土构件项目消耗量中未列记的，按照下表规定计算后并入构件工程量内。

预制钢筋混凝土构件运输、安装损耗率表

名　　称	运输堆放损耗率	安装损耗率
各类预制构件	0.8%	0.5%

四、滤料铺设：

1.锰、铁矿石滤料以质量计算，其他各种滤料铺设均按设计要求的铺设面积乘以厚度以体积计算。

2.尼龙网板制作安装以面积计算。

五、防水防腐工程：

1.各种防水层、防腐涂层按设计图示尺寸以面积计算，不扣除 $0.3m^2$ 以内的孔洞所占面积。

2.平面与立面交接处的防水层，其上卷高度超过 500mm 时，按立面防水层计算。

六、变形缝：各种材质的变形缝填缝及盖缝均不分断面按设计图示尺寸以长度计算。

七、井、池渗漏试验：井、池的渗漏试验区分井、池的容量范围，以灌入井、池的水容量以体积计算。

一、现浇混凝土沉井井壁及隔墙

1. 沉井垫木、灌砂

工作内容：人工挖槽弃土，铺砂、洒水、夯实，铺设和抽除垫木，回填砂。

计量单位：100m

定 额 编 号				6-1-1
项 目				垫木
名 称			单位	消 耗 量
人工	合计工日		工日	34.956
	其中	普工	工日	13.982
		一般技工	工日	20.974
材料	砂子(中粗砂)		m³	90.392
	板枋材		m³	0.966
	电		kW·h	18.320
	水		m³	18.260

工作内容：1. 灌砂：人工装、运、卸砂，人工灌、捣砂；
　　　　　　2. 砂垫层：平整基坑、运砂、分层铺平、浇水、捣实；
　　　　　　3. 混凝土垫层：浇捣、养护、凿除混凝土垫层。

计量单位：10m³

定 额 编 号				6-1-2	6-1-3	6-1-4
项 目				灌砂	砂垫层	刃脚混凝土垫层
名 称			单位	消 耗 量		
人工	合计工日		工日	7.866	7.070	19.536
	其中	普工	工日	3.146	5.656	7.814
		一般技工	工日	4.720	1.414	11.722
材料	预拌混凝土 C15		m³	—	—	10.100
	砂子(中粗砂)		m³	10.894	12.903	—
	水		m³	4.725	1.600	7.714
	电		kW·h	—	2.560	4.381
	草袋		个	—	—	48.000
机械	潜水泵 50mm		台班	—	1.283	—
	自卸汽车 4t		台班	—	0.287	—
	履带式起重机 15t		台班	—	0.283	0.690
	机动翻斗车 1t		台班	—	—	0.511
	电动空气压缩机 1m³/min		台班	—	—	3.494

2.沉井制作

工作内容:混凝土浇捣、养护。　　　　　　　　　　　　　　　计量单位:10m³

定额编号			6-1-5	6-1-6
项　目			井壁及隔墙(厚度)	
			50cm 以内	50cm 以外
名　称		单位	消　耗　量	
人工	合计工日	工日	11.048	10.029
	其中 普工	工日	4.419	4.012
	一般技工	工日	6.629	6.017
材料	预拌混凝土 C25	m³	10.100	10.100
	电	kW·h	9.143	9.143
	水	m³	7.190	3.962
	其他材料费	%	2.000	2.000

二、沉井下沉

1.沉井下沉

工作内容:挖土、吊土、装车。　　　　　　　　　　　　　　　计量单位:10m³

定额编号			6-1-7	6-1-8	6-1-9	6-1-10	6-1-11
项　目			人工挖土(井深8m以内)		人工挖淤泥、流砂	机械挖土	机械挖淤泥、流砂
			一、二类土	三、四类土	井深8m以内	井深12m以内	
名　称		单位	消　耗　量				
人工	合计工日	工日	10.971	14.271	18.762	3.762	5.342
	其中 普工	工日	8.777	11.417	15.010	1.505	2.137
	一般技工	工日	2.194	2.854	3.752	2.257	3.205
机械	电动单筒快速卷扬机 10kN	台班	1.336	1.911	2.713	—	—
	履带式单斗液压挖掘机 0.6m³	台班	—	—	—	0.412	0.585

工作内容：开凿石方、井壁打直、井底检平、吊石、装车。   计量单位：10m³

定 额 编 号			6-1-12	6-1-13	6-1-14	6-1-15
项　目			人工挖石（井深8m以内）			
			软岩	较软岩	较坚硬岩	坚硬岩
名　称		单位	消　耗　量			
人工	合计工日	工日	20.810	27.648	32.777	37.905
	其中 普工	工日	16.648	22.118	26.222	30.324
	一般技工	工日	4.162	5.530	6.555	7.581
机械	电动修钎机	台班	—	0.142	0.248	0.354
	电动空气压缩机 3m³/min	台班	—	2.383	4.171	5.958
	电动单筒快速卷扬机 10kN	台班	3.020	3.931	4.717	5.189

工作内容：破碎岩石、挖石、装车。   计量单位：10m³

定 额 编 号			6-1-16	6-1-17	6-1-18	6-1-19
项　目			机械挖石（井深12m以内）			
			软岩	较软岩	较硬岩	坚硬岩
名　称		单位	消　耗　量			
人工	合计工日	工日	5.048	5.055	5.071	5.082
	其中 普工	工日	2.019	2.022	2.028	2.033
	一般技工	工日	3.029	3.033	3.043	3.049
材料	合金钎头 φ135	个	0.001	0.001	0.001	0.003
机械	履带式液压岩石破碎机 200mm	台班	0.060	0.090	0.150	0.190
	履带式单斗液压挖掘机 0.6m³	台班	0.580	0.580	0.580	0.580

工作内容:集装袋装砂,人工封包运输、堆筑,上、下吊装,码包、绑实、安全检验。　　计量单位:10m³

定 额 编 号				6-1-20
项 目				沉井配重下沉 砂包助压及搬运
名 称			单位	消 耗 量
人工	合计工日		工日	12.421
	其中	普工	工日	4.968
		一般技工	工日	7.453
材料	砂子(中粗砂)		m³	4.299
	麻绳		kg	3.182
	尼龙编织袋		只	180.000
机械	电动单筒快速卷扬机 10kN		台班	0.655

工作内容:装卸泥浆、运输、清理场地。　　计量单位:10m³

定 额 编 号				6-1-21
项 目				泥浆外运
				运距 1km 以内
名 称			单位	消 耗 量
人工	合计工日		工日	0.320
	其中	普工	工日	0.128
		一般技工	工日	0.192
机械	泥浆泵 100mm		台班	0.093
	泥浆罐车 5000L		台班	0.176

工作内容:运输。 计量单位:10m³

定 额 编 号	6-1-22
项 目	泥浆外运
	运距每增1km

	名 称	单位	消 耗 量
机械	泥浆罐车 5000L	台班	0.044

工作内容:准备工作、移动打桩机及其轨道、吊桩定位、安卸桩帽、校正、打桩;打拔
缆风桩、拔桩、清场、整堆。 计量单位:10t

	定 额 编 号		6-1-23
	项 目		钢板桩洞口支护加固处理
	名 称	单位	消 耗 量
人工	合计工日	工日	29.320
	其中 普工	工日	11.728
	一般技工	工日	17.592
材料	槽型钢板桩	t	0.212
	杉木板枋材	m³	0.002
	松木板枋材	m³	0.018
	其他材料费	%	2.000
机械	轨道式柴油打桩机 0.6t	台班	1.280
	振动沉拔桩机 400kN	台班	1.170

注:按槽型钢板桩编制,摊销次数按47号文计50次,实际摊销次数不同时可调整;打桩方式和桩型不同时,由甲乙双方协商
调整。

工作内容：钻机就位、预搅下沉，拌制水泥浆，输送压浆，搅拌，提升成桩，清理，移位。 计量单位：100m

定 额 编 号			6-1-24
项　目			深层搅拌水泥桩桩洞口支护加固处理
名　称		单位	消 耗 量
人工	合计工日	工日	8.573
	其中　普工	工日	3.429
	一般技工	工日	5.144
材料	水泥 P.O 42.5	t	5.038
	水	m³	7.619
	其他材料费	%	3.000
机械	搅拌水泥桩机 φ550	台班	2.118
	电动空气压缩机 3m³/min	台班	1.064
	灰浆搅拌机 200L	台班	1.054

注：桩径不论大小，均按本子目执行。本定额项目的水泥掺量按13%取定，如设计水泥用量不同时，水泥用量可按实调整，水泥施工损耗率按2%计取，其他工料机不变。

2. 井 底 流 槽

工作内容：1. 凿毛、清理、混凝土浇捣、养护。

2. 场内水平垂直运输、搬运块石、砌筑、抹面压光。 计量单位：10m³

定 额 编 号			6-1-25	6-1-26	6-1-27	6-1-28
项　目			井底流槽			
			混凝土	毛石混凝土	砖渣混凝土	石砌
名　称		单位	消 耗 量			
人工	合计工日	工日	12.787	9.925	10.688	18.619
	其中　普工	工日	5.115	3.970	4.275	7.448
	一般技工	工日	7.672	5.955	6.413	11.171
材料	预拌混凝土 C20	m³	10.100	—	—	—
	预拌混凝土 C15	m³	—	7.443	7.443	—
	干混抹灰砂浆 DP M20	m³	—	—	—	0.714
	预拌砌筑砂浆（干拌）DM M7.5	m³	—	—	—	3.562
	块石	m³	—	2.809	—	11.526
	碎砖	m³	—	—	3.029	—
	水	m³	4.150	4.608	4.150	1.141
	电	kW·h	3.886	4.080	3.886	—
	草袋	个	43.264	44.995	43.264	—
	其他材料费	%	2.000	2.000	2.000	2.000
机械	干混砂浆罐式搅拌机	台班	—	—	—	0.184

工作内容:装运砂石料;吊入井底,依次铺石料、黄砂;整平;铺设土工布;工作面排水。   计量单位:10m³

定额编号			6-1-29	6-1-30	6-1-31
项　目			砂石料填心		
			井内铺块石	井内铺碎石	井内铺黄砂
名　称		单位	消耗量		
人工	合计工日	工日	6.219	6.183	4.167
	其中　普工	工日	2.488	2.473	1.667
	一般技工	工日	3.731	3.710	2.500
材料	块石	m³	11.110	—	—
	碎石 5~40	m³	—	11.220	—
	砂子(中粗砂)	m³	—	—	12.765
	其他材料费	%	2.000	2.000	2.000
机械	履带式起重机 15t	台班	0.310	0.416	0.257
	潜水泵 150mm	台班	0.637	0.832	0.761

注:铺设土工布执行第二册《道路工程》的相应项目。

三、沉井混凝土底板

1. 混凝土底板

工作内容:清理槽口,混凝土浇捣、抹平、养护。   计量单位:10m³

定额编号			6-1-32	6-1-33
项　目			底板(厚度)	
			50cm 以内	50cm 以外
名　称		单位	消耗量	
人工	合计工日	工日	5.206	4.801
	其中　普工	工日	2.082	1.920
	一般技工	工日	3.124	2.881
材料	预拌混凝土 C25	m³	10.100	10.100
	草袋	个	29.840	14.920
	电	kW·h	9.143	9.600
	水	m³	7.524	5.760
	其他材料费	%	2.000	2.000

2. 滤　鼓

工作内容:预埋钢管、填充及清理碎石。　　　　　　　　　　　　计量单位:个

定　额　编　号			单位	6-1-34	6-1-35	6-1-36
项　　目				滤鼓 DN300	滤鼓 DN400	滤鼓 DN500
名　　称			单位	消　耗　量		
人工	合计工日		工日	3.103	3.258	3.413
	其中	普工	工日	1.241	1.303	1.365
		一般技工	工日	1.862	1.955	2.048
材料	焊接钢管 DN300		m	0.816	—	—
	焊接钢管 DN400		m	—	0.816	—
	焊接钢管 DN500		m	—	—	0.816
	碎石 20~40		m³	0.172	0.302	0.472
	砂子(中粗砂)		m³	0.010	0.011	0.012
	其他材料费		%	2.000	2.000	2.000
机械	电动多级离心清水泵 150mm,180m 以下		台班	0.021	0.037	0.057

四、沉井内地下混凝土结构

工作内容:混凝土浇捣、抹平、养护。　　　　　　　　　　　　计量单位:10m³

定　额　编　号			单位	6-1-37	6-1-38	6-1-39	6-1-40
项　　目				刃脚	地下结构梁	地下结构柱	地下结构平台
名　　称			单位	消　耗　量			
人工	合计工日		工日	14.612	14.513	18.671	8.875
	其中	普工	工日	5.845	5.805	7.468	3.550
		一般技工	工日	8.767	8.708	11.203	5.325
材料	预拌混凝土 C25		m³	10.100	10.100	10.100	10.100
	草袋		个	—	—	—	40.695
	电		kW·h	4.571	9.143	9.143	9.143
	水		m³	2.720	6.160	7.540	12.690
	其他材料费		%	2.000	2.000	2.000	2.000

五、沉井混凝土顶板

工作内容:混凝土浇捣、抹平、养护。　　　　　　　　　　　　　　　　　　　　　计量单位:10m³

	定 额 编 号		6-1-41
	项　目		顶板
	名　称	单位	消耗量
人 工	合计工日	工日	4.856
	其中 普工	工日	1.942
	一般技工	工日	2.914
材 料	预拌混凝土 C25	m³	10.100
	草袋	个	40.695
	电	kW·h	9.143
	水	m³	7.700
	其他材料费	%	2.000

六、现浇钢筋混凝土池底

1. 水泥土搅拌桩截水帷幕

工作内容:钻机就位、预搅下沉,拌制水泥浆,输送压浆,喷浆(粉)搅拌,提升成桩,
　　　　　清理,移位。　　　　　　　　　　　　　　　　　　　　　　　　计量单位:100m

	定　额　编　号		6-1-42	6-1-43	6-1-44	6-1-45
	项　　目		水泥土搅拌桩截水帷幕			
			复合地基 桩径600mm 内			
			喷浆桩体	喷浆空桩	喷粉桩体	喷粉空桩
	名　称	单位	消　耗　量			
人 工	合计工日	工日	7.794	5.850	7.794	5.850
	其中 普工	工日	3.118	2.340	3.118	2.340
	一般技工	工日	4.676	3.510	4.676	3.510
材 料	水泥 P.O 42.5	t	5.813	—	5.813	—
	水	m³	7.619	—	7.619	—
	其他材料费	%	3.000	—	3.000	—
机 械	搅拌水泥桩机 φ550	台班	1.925	1.437	2.404	1.437
	电动空气压缩机 3m³/min	台班	0.967	0.735	0.967	0.735
	灰浆搅拌机 200L	台班	0.958	—	—	—

注:桩径不论大小,均按本定额执行。本定额项目的水泥掺量按15%取定,如设计水泥用量不同时,水泥含量可调整,水泥施工损耗
　　率2%,其他工料机不变。

2. 井渠、池槽底板混凝土垫层

工作内容:混凝土浇捣、养护。

计量单位:10m³

定 额 编 号			6-1-46
项 目			井渠、池槽底板混凝土垫层
名 称		单位	消 耗 量
人工	合计工日	工日	5.760
	其中 普工	工日	2.304
	一般技工	工日	3.456
材料	预拌混凝土 C10	m³	10.100
	水	m³	5.690
	电	kW·h	3.080
	草袋	个	14.217
	其他材料费	%	1.000

3. 半地下式池底

工作内容:混凝土浇捣、抹平、养护。

计量单位:10m³

定 额 编 号			6-1-47	6-1-48	6-1-49	6-1-50	6-1-51	6-1-52
项 目			平池底(厚度)		锥坡池底(厚度)		圆池底(厚度)	
			50cm 以内	50cm 以外	50cm 以内	50cm 以外	50cm 以内	50cm 以外
名 称		单位	消 耗 量					
人工	合计工日	工日	6.827	6.403	7.075	6.607	8.552	8.068
	其中 普工	工日	2.731	2.561	2.830	2.643	3.421	3.227
	一般技工	工日	4.096	3.842	4.245	3.964	5.131	4.841
材料	防水混凝土 C25(抗渗等级 P6)	m³	10.100	10.100	10.100	10.100	10.100	10.100
	水	m³	7.390	4.900	7.390	4.590	7.390	5.290
	电	kW·h	2.990	2.990	2.990	2.990	2.990	2.990
	草袋	个	49.525	27.518	49.525	24.762	49.525	30.950

4.架空式池底

工作内容:混凝土浇捣、养护。　　　　　　　　　　　　　　　　　　　　　计量单位:10m³

定　额　编　号			6-1-53	6-1-54	6-1-55	6-1-56
项　　目			平池底(厚度)		方锥池底(厚度)	
			30cm 以内	30cm 以外	30cm 以内	30cm 以外
名　　称		单位	消　　耗　　量			
人工	合计工日	工日	8.552	8.067	8.837	6.610
	其中 普工	工日	3.421	3.227	3.535	2.644
	一般技工	工日	5.131	4.840	5.302	3.966
材料	防水混凝土 C25(抗渗等级 P6)	m³	10.100	10.100	10.100	10.100
	草袋	个	49.525	30.950	49.525	30.950
	电	kW·h	2.990	2.990	2.987	2.987
	水	m³	7.390	5.290	5.390	5.290

工作内容:凿毛、清洗、清除松动的石子、安放钢丝网,混凝土浇捣、养护。　　　　　　计量单位:10m³

定　额　编　号			6-1-57
项　　目			池底后浇带
名　　称		单位	消　　耗　　量
人工	合计工日	工日	13.115
	其中 普工	工日	5.246
	一般技工	工日	7.869
材料	防水混凝土 C25(抗渗等级 P6)	m³	10.100
	钢丝网 20# 10×10	m²	40.800
	草袋	个	52.001
	电	kW·h	3.297
	水	m³	8.661
	其他材料费	%	1.500

七、现浇混凝土池壁(隔墙)

工作内容:混凝土浇捣、养护。 计量单位:10m³

定　额　编　号			6-1-58	6-1-59	6-1-60	6-1-61	6-1-62	6-1-63
项　目			直、矩形(厚度)			圆、弧形(厚度)		
			20cm 以内	30cm 以内	30cm 以外	20cm 以内	30cm 以内	30cm 以外
名　称		单位	消　耗　量					
人工	合计工日	工日	15.269	14.054	11.958	15.975	14.638	12.333
	其中 普工	工日	6.107	5.622	4.783	6.390	5.855	4.933
	一般技工	工日	9.162	8.432	7.175	9.585	8.783	7.400
材料	防水混凝土 C25(抗渗等级 P6)	m³	10.100	10.100	10.100	10.100	10.100	10.100
	电	kW·h	5.100	5.100	5.100	5.100	5.100	5.100
	水	m³	7.201	5.689	4.408	7.075	5.017	3.894

工作内容:1.混凝土浇捣、养护;2.调制砂浆、砌砖,养护。 计量单位:10m³

定　额　编　号			6-1-64	6-1-65	6-1-66	6-1-67	6-1-68
项　目			池壁挑檐	池壁牛腿	配水花墙(厚度)		砖穿孔墙
					20cm 以内	20cm 以外	
名　称		单位	消　耗　量				
人工	合计工日	工日	8.710	9.765	27.260	23.451	16.479
	其中 普工	工日	3.484	3.906	10.904	9.380	6.592
	一般技工	工日	5.226	5.859	16.356	14.071	9.887
材料	防水混凝土 C25(抗渗等级 P6)	m³	10.100	10.100	10.100	10.100	—
	预拌砌筑砂浆(干拌)DM M7.5	m³	—	—	—	—	1.179
	标准砖 240×115×53	千块	—	—	—	—	4.056
	草袋	个	14.997	12.002	3.338	2.787	—
	电	kW·h	8.160	8.160	8.160	8.160	—
	水	m³	15.108	10.425	6.183	4.324	1.157
机械	干混砂浆罐式搅拌机	台班	—	—	—	—	0.050

工作内容:混凝土浇捣、养护。 　　　　　　　　　　　　　　　　　　　　　　　计量单位:10m³

定　额　编　号			6-1-69	6-1-70
项　目			折线池壁(厚度)	
			30cm 以内	30cm 以外
名　称		单位	消　耗　量	
人工	合计工日	工日	20.010	17.810
	其中 普工	工日	8.004	7.124
	一般技工	工日	12.006	10.686
材料	防水混凝土 C25(抗渗等级 P6)	m³	10.100	10.100
	水	m³	5.353	4.151
	电	kW·h	5.104	5.104
	其他材料费	%	1.500	1.500

工作内容:凿毛、清洗、清除松动的石子、安放钢丝网,混凝土浇捣、养护。 　　　　计量单位:10m³

定　额　编　号			6-1-71
项　目			池壁后浇带
名　称		单位	消　耗　量
人工	合计工日	工日	21.977
	其中 普工	工日	8.791
	一般技工	工日	13.186
材料	防水混凝土 C25(抗渗等级 P6)	m³	10.100
	钢丝网 20# 10×10	m²	40.800
	水	m³	7.811
	电	kW·h	5.355
	其他材料费	%	1.500

八、现浇混凝土池柱

工作内容：混凝土浇捣、养护。

计量单位：10m³

定 额 编 号			6-1-72	6-1-73	6-1-74
项　　目			无梁盖柱	矩(方)柱	圆型柱
名　　称		单位	消　耗　量		
人工	合计工日	工日	14.288	13.100	15.476
	其中 普工	工日	5.715	5.240	6.190
	一般技工	工日	8.573	7.860	9.286
材料	预拌混凝土 C20	m³	10.100	10.100	10.100
	电	kW·h	8.160	8.160	8.160
	水	m³	9.680	8.640	10.070

工作内容：混凝土浇捣、养护。

计量单位：10m³

定 额 编 号			6-1-75	6-1-76
项　　目			扶壁柱	小型矩形柱
名　　称		单位	消　耗　量	
人工	合计工日	工日	13.755	14.187
	其中 普工	工日	5.502	5.675
	一般技工	工日	8.253	8.512
材料	预拌混凝土 C20	m³	10.100	10.100
	水	m³	8.160	6.095
	电	kW·h	8.640	7.619
	其他材料费	%	1.500	1.500

九、现浇混凝土池梁

工作内容：混凝土浇捣、养护。　　　　　　　　　　　　　　　　　　　　　计量单位：10m³

定 额 编 号				6-1-77	6-1-78	6-1-79	6-1-80
项　　　目				连续梁	单梁	悬臂梁	异型环梁
名　　　称			单位	消　耗　量			
人工	合计工日		工日	13.106	12.032	14.237	13.683
	其中	普工	工日	5.243	4.813	5.695	5.473
		一般技工	工日	7.863	7.219	8.542	8.210
材料	预拌混凝土 C20		m³	10.100	10.100	10.100	10.100
	草袋		个	14.150	14.150	15.579	17.212
	电		kW·h	8.160	8.160	8.160	8.160
	水		m³	6.340	10.630	6.214	3.324

工作内容：混凝土浇捣、养护。　　　　　　　　　　　　　　　　　　　　　计量单位：10m³

定 额 编 号				6-1-81
项　　　目				现浇混凝土小梁
名　　　称			单位	消　耗　量
人工	合计工日		工日	15.272
	其中	普工	工日	6.109
		一般技工	工日	9.163
材料	预拌混凝土 C20		m³	10.100
	水		m³	7.805
	电		kW·h	4.040
	其他材料费		%	1.500

十、现浇混凝土池盖

工作内容：混凝土浇捣、养护。

计量单位：10m³

定　额　编　号				6-1-82	6-1-83	6-1-84	6-1-85
项　　　目				肋形盖	无梁盖	锥形盖	球形盖
名　　　称			单位	消　耗　量			
人工	合计工日		工日	7.656	6.713	7.286	7.859
	其中	普工	工日	3.062	2.685	2.914	3.144
		一般技工	工日	4.594	4.028	4.372	4.715
材料	预拌混凝土 C20		m³	10.100	10.100	10.100	10.100
	草袋		个	61.880	61.880	68.786	75.650
	电		kW·h	8.160	8.160	8.160	8.160
	水		m³	14.660	14.510	14.250	15.830

工作内容：凿毛、清洗、清除松动石子、安放钢丝网,混凝土浇捣、养护。

计量单位：10m³

定　额　编　号				6-1-86
项　　　目				池盖后浇带
名　　　称			单位	消　耗　量
人工	合计工日		工日	13.986
	其中	普工	工日	5.594
		一般技工	工日	8.392
材料	预拌混凝土 C20		m³	10.100
	钢丝网 20# 10×10		m²	40.800
	草袋		个	64.974
	水		m³	15.643
	电		kW·h	8.568
	其他材料费		%	1.500

工作内容:混凝土浇捣、养护。　　　　　　　　　　　　　　　　　　　　计量单位:10m³

定 额 编 号				6-1-87	6-1-88
项　目				现浇混凝土圆形池顶检修人孔	预制混凝土筒圆形池顶检修人孔制作
名　称			单位	消　耗　量	
人工	合计工日		工日	12.380	19.950
	其中	普工	工日	4.952	7.980
		一般技工	工日	7.428	11.970
材料	预拌混凝土 C20		m³	10.100	10.100
	板枋材		m³	—	0.017
	草袋		个	—	2.848
	水		m³	6.270	5.380
	电		kW·h	8.000	2.000
	其他材料费		%	1.500	2.000

工作内容:构件吊装、校正、固定、接头灌缝等。　　　　　　　　　　　　　　計量单位:10m³

定 额 编 号				6-1-89
项　目				预制混凝土筒圆型池顶检修人孔安装
名　称			单位	消　耗　量
人工	合计工日		工日	17.854
	其中	普工	工日	7.142
		一般技工	工日	10.712
材料	水泥 P.O 42.5		t	0.045
	预拌砌筑砂浆(干拌) DM M10		m³	0.049
	碎石 10		m³	0.100
	砂子(中粗砂)		m³	0.078
	水		m³	9.889
	松木板枋材		m³	0.080
	其他材料费		%	2.000
机械	载重汽车 4t		台班	0.036
	干混砂浆罐式搅拌机		台班	0.036

工作内容:调制砂浆、池盖板以上的井筒砌筑、勾缝、抹灰,井盖(座)安装。 计量单位:座

定 额 编 号			6-1-90	6-1-91	6-1-92	6-1-93	6-1-94
项 目			砖砌圆型池顶检修人孔 φ700mm				
			筒高1m以内	筒高2m以内	筒高3m以内	筒高4m以内	筒高每增0.5m以内
名 称		单位	消 耗 量				
人工	合计工日	工日	2.178	3.620	5.066	6.508	0.366
	其中 普工	工日	0.871	1.448	2.026	2.603	0.146
	一般技工	工日	1.307	2.172	3.040	3.905	0.220
材料	标准砖 240×115×53	千块	0.257	0.717	1.074	1.378	0.172
	预拌砌筑砂浆(干拌)DMM10	m³	0.226	0.767	1.132	1.516	0.192
	预拌混凝土 C20	m³	0.071	0.071	0.071	0.071	0.003
	铸铁爬梯	kg	9.969	19.927	29.896	39.865	4.979
	铸铁井盖井座	套	1.000	1.000	1.000	1.000	1.000
	水	m³	0.296	0.423	0.556	0.693	0.063
	其他材料费	%	1.500	1.500	1.500	1.500	1.500
机械	干混砂浆罐式搅拌机	台班	0.011	0.020	0.029	0.039	0.005

工作内容:1. 制作:放样,划线,截料,平直,钻孔,拼装,焊接,成品矫正,刷防锈漆一遍及
成品编号堆放。

2. 安装:构件加固,吊装校正,拧紧螺栓,电焊固定,翻身就位。 计量单位:t

定 额 编 号			6-1-95
项 目			钢圆形池顶检修人孔制作安装
名 称		单位	消 耗 量
人工	合计工日	工日	39.140
	其中 普工	工日	15.656
	一般技工	工日	23.484
材料	角钢(综合)	t	0.123
	热轧薄钢板 δ4.0	t	0.937
	防锈漆	kg	9.200
	六角螺栓	kg	18.830
	低碳钢焊条 J422(综合)	kg	33.503
	氧气	m³	7.450
	乙炔气	m³	3.240
	松节油	kg	2.513
	其他材料费	%	1.500
机械	汽车式起重机 12t	台班	0.124
	摇臂钻床 50mm	台班	0.044
	剪板机 40×3100mm	台班	0.203
	交流弧焊机 32kV·A	台班	6.167
	轨道平车 5t	台班	0.735

十一、现浇混凝土板

工作内容：混凝土浇捣、养护。　　　　　　　　　　　　　　　　　　　　　　　　　计量单位：10m³

定额编号			6-1-96	6-1-97	6-1-98	6-1-99	6-1-100	6-1-101
项　目			平板、走道板(厚度)		悬空板(厚度)		挡水板(厚度)	
			8cm 以内	12cm 以内	10cm 以内	15cm 以内	7cm 以内	7cm 以外
名　称		单位	消　耗　量					
人工	合计工日	工日	8.523	7.361	8.775	8.158	18.873	17.492
	其中　普工	工日	3.409	2.944	3.510	3.263	7.549	6.997
	一般技工	工日	5.114	4.417	5.265	4.895	11.324	10.495
材料	预拌混凝土 C20	m³	10.100	10.100	10.100	10.100	10.100	10.100
	草袋	个	154.752	103.178	123.760	82.566	5.595	5.325
	电	kW·h	7.770	7.770	7.770	7.770	7.619	7.619
	水	m³	19.330	13.500	15.830	11.160	5.660	5.120

十二、池　　槽

工作内容：混凝土浇捣、养护。　　　　　　　　　　　　　　　　　　　　　　　　　计量单位：10m³

定额编号			6-1-102	6-1-103	6-1-104	6-1-105	6-1-106	6-1-107
项　目			悬空 V、U 形集水槽(厚度)		悬空 L 形槽(厚度)		池底暗渠(厚度)	
			8cm 以内	12cm 以内	10cm 以内	20cm 以内	10cm 以内	20cm 以内
名　称		单位	消　耗　量					
人工	合计工日	工日	27.404	23.315	21.675	19.875	18.204	16.995
	其中　普工	工日	10.962	9.326	8.670	7.950	7.281	6.798
	一般技工	工日	16.442	13.989	13.005	11.925	10.923	10.197
材料	预拌混凝土 C20	m³	10.100	10.100	10.100	10.100	10.100	10.100
	草袋	个	7.440	6.200	14.030	11.690	14.600	12.170
	电	kW·h	9.760	9.760	9.760	9.760	8.160	8.160
	水	m³	15.150	11.790	11.300	8.580	7.420	5.353

工作内容:1.混凝土浇捣、养护;2.调制砂浆、砌筑。　　　　　　　　　　　　　计量单位:10m³

定　额　编　号			6-1-108	6-1-109	6-1-110	6-1-111	6-1-112
项　　　目			落泥斗、槽		沉淀池水槽	下药溶解槽	澄清池反应筒壁
			混凝土	块石			
名　　　称		单位	消　耗　量				
人工	合计工日		工日	5.676	16.579	14.527	16.988	13.437
	其中	普工	工日	2.270	6.632	5.811	6.795	5.375
		一般技工	工日	3.406	9.947	8.716	10.193	8.062
材料	预拌混凝土 C20		m³	10.100	—	10.100	10.100	10.100
	预拌砌筑砂浆（干拌）DM M10		m³	—	3.700	—	—	—
	块石		m³	—	11.750	—	—	—
	草袋		个	24.000	—	20.750	14.580	19.460
	电		kW·h	9.600	—	8.160	9.760	9.760
	水		m³	6.110	2.173	21.700	24.150	19.930
机械	干混砂浆罐式搅拌机		台班	—	0.152	—	—	—

工作内容:混凝土浇捣、抹光、养护。　　　　　　　　　　　　　　　　　　计量单位:10m³

定　额　编　号			6-1-113	6-1-114	6-1-115
项　　　目			异型填充混凝土		
			现浇混凝土	毛石混凝土	碎砖混凝土
名　　　称		单位	消　耗　量		
人工	合计工日		工日	9.847	7.367	7.367
	其中	普工	工日	3.939	2.947	2.947
		一般技工	工日	5.908	4.420	4.420
材料	预拌混凝土 C15		m³	10.100	7.443	7.443
	块石		m³	—	2.809	—
	碎砖		m³	—	—	2.970
	草袋		个	14.375	14.375	14.375
	水		m³	8.810	6.878	6.878
	电		kW·h	4.080	2.980	2.980
	其他材料费		%	1.500	1.500	1.500

十三、砌筑导流壁、筒

工作内容：调制砂浆、砌砖。 计量单位:10m³

	定　额　编　号		6-1-116	6-1-117	6-1-118	6-1-119
	项　　目		砖导流墙（厚度）			砖导流筒
			半砖	一砖	一砖半及以上	
	名　　称	单位	消　耗　量			
人工	合计工日	工日	18.434	17.223	16.331	24.321
	其中　普工	工日	7.374	6.889	6.532	9.728
	一般技工	工日	11.060	10.334	9.799	14.593
材料	标准砖 240×115×53	千块	5.741	5.502	5.429	5.231
	预拌砌筑砂浆（干拌）DM M10	m³	1.978	2.317	2.478	3.239
	水	m³	1.761	1.808	1.823	1.973
机械	干混砂浆罐式搅拌机	台班	0.081	0.097	0.102	0.133

工作内容：调制砂浆、砌砖。 计量单位:10m³

	定　额　编　号		6-1-120	6-1-121	6-1-122	6-1-123	6-1-124	6-1-125
	项　　目		砖砌直池壁（厚度）			砖砌弧形池壁（厚度）		
			半砖	一砖	一砖半及以上	半砖	一砖	一砖半及以上
	名　　称	单位	消　耗　量					
人工	合计工日	工日	16.831	13.111	12.878	19.520	14.960	14.166
	其中　普工	工日	6.732	5.244	5.151	7.808	5.984	5.666
	一般技工	工日	10.099	7.867	7.727	11.712	8.976	8.500
材料	标准砖 240×115×53	千块	5.585	5.262	5.290	5.753	5.420	5.449
	预拌砌筑砂浆（干拌）DM M10	m³	1.978	2.279	2.440	2.037	2.347	2.513
	水	m³	1.615	1.691	1.756	1.663	1.742	1.809
机械	干混砂浆罐式搅拌机	台班	0.081	0.093	0.100	0.084	0.096	0.103

工作内容:调制砂浆、砌砖。

计量单位:10m³

定 额 编 号			6-1-126
项 目			砖支墩
名 称		单位	消 耗 量
人工	合计工日	工日	20.700
	其中 普工	工日	8.280
	一般技工	工日	12.420
材料	标准砖 240×115×53	千块	5.735
	预拌砌筑砂浆(干拌)DM M10	m³	2.109
	水	m³	1.693
	其他材料费	%	1.500
机械	干混砂浆罐式搅拌机	台班	0.087

十四、混凝土导流壁、筒

工作内容:混凝土浇捣、养护,接缝砂浆垫铺;调制砂浆、砌块。

计量单位:10m³

定 额 编 号			6-1-127	6-1-128	6-1-129	6-1-130	6-1-131
项 目			混凝土导流墙(厚度)		混凝土导流筒(厚度)		混凝土砌块穿孔墙
			20cm以内	20cm以外	20cm以内	20cm以外	
名 称		单位	消 耗 量				
人工	合计工日	工日	13.330	12.637	14.392	13.664	8.734
	其中 普工	工日	5.332	5.055	5.757	5.466	3.494
	一般技工	工日	7.998	7.582	8.635	8.198	5.240
材料	预拌混凝土 C20	m³	10.100	10.100	10.100	10.100	—
	加气混凝土砌块 600×240×180	块	—	—	—	—	351.000
	预拌砌筑砂浆(干拌)DM M10	m³	—	—	—	—	1.345
	预拌抹灰砂浆(干拌)DP M20	m³	0.276	0.276	0.276	0.276	—
	草袋	个	1.830	1.747	2.257	2.142	—
	电	kW·h	4.648	4.648	4.648	4.648	—
	水	m³	8.943	8.502	9.037	8.638	1.344
机械	干混砂浆罐式搅拌机	台班	0.012	0.012	0.012	0.012	0.048

十五、其他现浇混凝土构件

工作内容:混凝土浇捣、养护。　　　　　　　　　　　　　　　　　　计量单位:10m³

定额编号			6-1-132	6-1-133	6-1-134	6-1-135	6-1-136
项　目			中心支筒	支撑墩	稳流筒	异型构件	设备基础
名　称		单位	消　耗　量				
人工	合计工日	工日	13.515	17.022	16.945	18.378	6.960
	其中　普工	工日	5.406	6.809	6.778	7.351	2.784
	一般技工	工日	8.109	10.213	10.167	11.027	4.176
材料	预拌混凝土 C20	m³	10.100	10.100	10.100	10.100	10.100
	草袋	个	2.714	152.422	38.064	160.451	5.689
	电	kW·h	7.771	7.771	7.771	7.771	2.971
	水	m³	10.250	19.840	8.990	21.140	8.837

十六、预制混凝土板

工作内容:混凝土浇捣、养护。　　　　　　　　　　　　　　　　　　计量单位:10m³

定额编号			6-1-137	6-1-138
项　目			预制钢筋混凝土制作	
			稳流板	井池内壁板
名　称		单位	消　耗　量	
人工	合计工日	工日	15.857	15.857
	其中　普工	工日	6.343	6.343
	一般技工	工日	9.514	9.514
材料	预拌混凝土 C20	m³	10.100	10.100
	电	kW·h	9.760	9.600
	水	m³	32.801	17.701
	其他材料费	%	1.000	1.000

工作内容:安装、就位、找正、固定、焊接及接头灌缝。 计量单位:10m³

	定 额 编 号		6-1-139	6-1-140
	项 目		预制钢筋混凝土安装	
			稳流板	井池 内壁板
	名 称	单位	消 耗 量	
人工	合计工日	工日	16.132	18.240
	其中 普工	工日	6.453	7.296
	一般技工	工日	9.679	10.944
材料	松杂板枋材	m³	0.048	0.018
	铁件(综合)	kg	10.700	10.200
	预拌混凝土 C20	m³	0.522	—
	预拌混凝土 C30	m³	—	0.550
	钢筋 φ10 以外	kg	65.000	65.520
	低碳钢焊条 J422(综合)	kg	8.020	7.458
	水	m³	2.971	4.600
	其他材料费	%	3.000	3.000
机械	汽车式起重机 8t	台班	0.566	0.750
	汽车式起重机 16t	台班	0.318	—
	载重汽车 4t	台班	0.022	0.050
	交流弧焊机 32kV·A	台班	1.075	1.001

十七、预制混凝土槽

工作内容:混凝土浇捣、养护,预埋短管。 计量单位:10m³

	定 额 编 号		6-1-141	6-1-142
	项 目		混凝土构件制作	
			配孔集水槽	辐射槽
	名 称	单位	消 耗 量	
人工	合计工日	工日	8.899	9.635
	其中 普工	工日	3.559	3.854
	一般技工	工日	5.340	5.781
材料	预拌混凝土 C30	m³	10.100	10.100
	塑料集水短管 $DN25$、$L=80$	根	662.433	662.433
	草袋	个	27.841	30.628
	电	kW·h	5.040	5.040
	水	m³	11.412	13.060
	其他材料费	%	2.000	2.000

工作内容:安装就位、找正、找平、固定、焊接及接头灌缝。 计量单位:10m³

	定 额 编 号		6-1-143	6-1-144
	项 目		混凝土构件安装	
			配孔集水槽	辐射槽
	名 称	单位	消 耗 量	
人工	合计工日	工日	18.160	19.068
	其中 普工	工日	7.264	7.627
	一般技工	工日	10.896	11.441
材料	水泥 P.O 42.5R	kg	0.044	0.044
	预拌砌筑砂浆(干拌) DM M10	m³	0.800	0.808
	松杂板枋材	m³	0.080	0.081
	碎石 10	m³	0.098	0.101
	砂子(中粗砂)	m³	0.075	0.079
	铁件(综合)	kg	32.599	32.599
	低碳钢焊条 J422(综合)	kg	6.800	6.800
	水	m³	9.264	9.356
	其他材料费	%	1.000	1.000
机械	汽车式起重机 16t	台班	1.088	1.088
	交流弧焊机 32kV·A	台班	1.935	1.935
	载重汽车 4t	台班	0.036	0.036
	干混砂浆罐式搅拌机	台班	0.033	0.033

十八、预制混凝土支墩

工作内容:混凝土浇捣、养护;支墩安装就位、找正、找平、清理。 计量单位:10m³

	定 额 编 号		6-1-145	6-1-146
	项 目		支墩制作	支墩安装
	名 称	单位	消 耗 量	
人工	合计工日	工日	3.222	16.806
	其中 普工	工日	1.289	6.722
	一般技工	工日	1.933	10.084
材料	预拌混凝土 C25	m³	10.100	—
	平垫铁(综合)	kg	—	26.693
	低碳钢焊条 J422(综合)	kg	—	15.301
	垫木	m³	—	0.011
	水	m³	6.185	—
	电	kW·h	5.000	—
	草袋	个	6.573	—
	其他材料费	%	1.000	1.000
机械	交流弧焊机 32kV·A	台班	—	3.580

十九、其他预制混凝土构件

工作内容：混凝土浇捣、养护；构件安装就位、找正、找平、清理。　　　　　　　　计量单位：10m³

定 额 编 号				6-1-147	6-1-148
项 目				异型构件制作	异型构件安装
名 称			单位	消 耗 量	
人工	合计工日		工日	11.457	22.374
	其中	普工	工日	4.583	8.950
		一般技工	工日	6.874	13.424
材料	预拌混凝土 C25		m³	10.100	—
	平垫铁(综合)		kg	—	26.693
	低碳钢焊条 J422(综合)		kg	—	15.312
	垫木		m³	—	0.011
	麻绳		kg	—	0.051
	水		m³	12.273	—
	电		kW·h	8.000	—
	草袋		个	29.026	—
	其他材料费		%	1.000	1.000
机械	交流弧焊机 32kV·A		台班	—	4.860

二十、滤　　板

工作内容：混凝土浇捣、养护。　　　　　　　　　　　　　　　　　　　　　　　　计量单位：10m³

定 额 编 号				6-1-149	6-1-150	6-1-151	6-1-152
项 目				滤板制作		穿孔板制作	
				12cm 以内	12cm 以外	三角槽孔板	平孔板
名 称			单位	消 耗 量			
人工	合计工日		工日	17.172	15.444	21.797	17.476
	其中	普工	工日	6.869	6.178	8.719	6.990
		一般技工	工日	10.303	9.266	13.078	10.486
材料	预拌混凝土 C25		m³	10.100	10.100	10.100	10.100
	滤头套箍 φ30		个	4545.000	2050.000	—	—
	水		m³	10.729	6.259	31.551	17.910
	草袋		个	103.178	68.785	—	—
	插孔钢筋 φ5～10		kg	—	—	3.233	—
	电		kW·h	9.600	9.600	9.600	9.600
	其他材料费		%	1.000	1.000	1.000	1.000

工作内容:安装就位、找正、找平、清理、嵌缝。 计量单位:100m²

	定 额 编 号		6-1-153	6-1-154
	项 目		滤板安装	不锈钢滤板安装
	名 称	单位	消 耗 量	
人工	合计工日	工日	32.694	32.828
	其中 普工	工日	13.078	13.131
	一般技工	工日	19.616	19.697
材料	混凝土滤板	m²	101.000	—
	不锈钢滤板	m²	—	101.000
	不锈钢板δ6	kg	31.800	31.800
	不锈钢螺栓 M10×350	百个	2.081	2.081
	密封胶	kg	149.600	157.080
	干混抹灰砂浆 DP M20	m³	0.693	—
	水	m³	0.104	—
	其他材料费	%	1.000	1.000
机械	汽车式起重机 8t	台班	0.496	0.716
	干混砂浆罐式搅拌机	台班	0.017	—

工作内容:混凝土浇捣、养护;模板制作、安装。 计量单位:10m³

	定 额 编 号		6-1-155	6-1-156
	项 目		现浇混凝土整体滤板	
			12cm 以内	12cm 以外
	名 称	单位	消 耗 量	
人工	合计工日	工日	14.190	13.020
	其中 普工	工日	5.676	5.208
	一般技工	工日	8.514	7.812
材料	预拌混凝土 C25	m³	10.100	10.100
	滤头套箍 φ30	个	4545.000	2050.000
	ABS 工程塑料凹凸型模板	m²	87.500	63.100
	草袋	个	103.176	68.785
	电	kW·h	8.160	8.160
	水	m³	9.980	5.723

二十一、折　板

工作内容:找平、找正、安装、固定。

计量单位:100m²

定　额　编　号			6-1-157	6-1-158	6-1-159
项　　　目			玻璃钢折板	塑料折板	
				A 型	B 型
名　　　称		单位	消　耗　量		
人工	合计工日	工日	49.625	43.166	35.939
	其中　普工	工日	19.850	17.266	14.376
	一般技工	工日	29.775	25.900	21.563
材料	干混抹灰砂浆 DP M20	m³	0.018	0.018	0.018
	水	m³	0.004	0.004	0.004
	其他材料费	%	2.000	2.000	2.000
机械	干混砂浆罐式搅拌机	台班	0.001	0.001	0.001

工作内容:混凝土浇捣、养护、构件成品堆放;折板安装就位、找正、找平、固定、焊接、
接头灌缝。

计量单位:10m³

定　额　编　号			6-1-160	6-1-161
项　　　目			预制钢筋混凝土折板	
			制作	安装
名　　　称		单位	消　耗　量	
人工	合计工日	工日	15.552	34.040
	其中　普工	工日	6.221	13.616
	一般技工	工日	9.331	20.424
材料	预拌混凝土 C25	m³	10.100	—
	预拌混凝土 C30	m³	—	0.527
	松杂板枋材	m³	0.005	0.035
	低碳钢焊条 J422(综合)	kg	—	18.700
	铁件(综合)	kg	—	10.200
	水	m³	15.240	—
	电	kW·h	2.016	—
	其他材料费	%	2.000	2.000
机械	汽车式起重机 16t	台班	—	1.079
	汽车式起重机 8t	台班	0.630	—
	载重汽车 4t	台班	—	0.045
	机动翻斗车 1t	台班	0.630	—
	交流弧焊机 32kV·A	台班	—	1.079

二十二、壁　　板

工作内容:1. 木制壁板制作安装:木壁板制作,刨光企口,接装及各种铁件安装等。

　　　　2. 塑料壁板制作安装:划线、下料、拼装及各种铁件安装等。

定 额 编 号			6-1-162	6-1-163	6-1-164	6-1-165
项　　目			木制浓缩室壁板	木制稳流板	塑料浓缩室壁板	塑料稳流板
			100m²	100m	100m²	100m
名　　称		单位	消　耗　量			
人 工	合计工日	工日	58.725	29.241	74.507	35.091
	其中 普工	工日	23.490	11.696	29.803	14.036
	一般技工	工日	35.235	17.545	44.704	21.055
材 料	板枋材	m³	3.467	5.143	—	—
	塑料板	m²	—	—	104.971	104.971
	扁钢 50×5	t	0.339	—	0.356	—
	角钢 63 以内	kg	0.326	—	0.342	—
	铁件(综合)	kg	—	247.867	—	260.260
	六角螺栓带螺母、垫圈 M10×100	百个	2.815	—	—	—
	六角螺栓带螺母、垫圈 M10×40	百个	—	—	3.264	—
	六角螺母	10 个	—	57.752	—	60.639
	六角螺栓 M10×60	百个	0.326	—	2.958	—
	圆钉	kg	3.101	2.040	—	2.142
	木螺钉 d5	百个	2.815	—	2.958	—
	其他材料费	%	1.000	1.000	2.000	2.000
机 械	木工裁口机 400mm	台班	0.363	0.208	—	0.355
	木工平刨床 300mm	台班	1.123	0.642	—	—
	木工圆锯机 500mm	台班	—	—	0.727	0.355
	木工打眼机 φ50	台班	—	—	1.079	—

二十三、滤 料 铺 设

工作内容:筛、运、洗砂石,清底层,挂线,铺设滤料,整形找平等。　　　　　　计量单位:10m³

定 额 编 号			6-1-166	6-1-167	6-1-168
项　　目			中砂	石英砂	卵石
名　　称		单位	消　耗　量		
人 工	合计工日	工日	12.929	11.972	10.126
	其中 普工	工日	5.171	4.789	4.050
	一般技工	工日	7.758	7.183	6.076
材 料	砂子(中粗砂)	m³	11.131	—	—
	石英砂(综合)	m³	—	11.240	—
	卵石	m³	—	—	10.200
	水	m³	4.950	5.000	3.970
	其他材料费	%	1.500	0.300	1.500
机 械	电动双筒慢速卷扬机 30kN	台班	1.050	1.050	1.050

工作内容：筛、运、洗砂石，清底层，挂线，铺设滤料，整形找平等。

定 额 编 号			6-1-169	6-1-170	6-1-171
项 目			碎石	锰砂	磁铁矿石
			10m³	10t	
名 称		单位	消 耗 量		
人工	合计工日	工日	10.227	7.893	8.682
	其中 普工	工日	4.091	3.157	3.473
	一般技工	工日	6.136	4.736	5.209
材料	碎石20	m³	10.200	—	—
	锰砂	m³	—	10.150	—
	磁铁矿石	m³	—	—	10.150
	水	m³	3.970	2.780	2.780
	其他材料费	%	1.500	—	—
机械	电动双筒慢速卷扬机 30kN	台班	1.050	1.050	1.050

工作内容：场内运输、清底层，挂线，铺设，整形找平等。   计量单位：10m³

定 额 编 号			6-1-172	6-1-173
项 目			滤料铺设	
			粉末活性炭	颗粒活性炭
名 称		单位	消 耗 量	
人工	合计工日	工日	15.323	11.999
	其中 普工	工日	6.129	4.800
	一般技工	工日	9.194	7.199
材料	粉末活性炭	m³	11.474	—
	颗粒活性炭	m³	—	11.129
	其他材料费	%	1.500	1.500
机械	电动双筒慢速卷扬机 30kN	台班	1.050	1.050

二十四、尼 龙 网 板

工作内容:尼龙网版制作、安装。 计量单位:10m²

定额编号			6-1-174
项 目			尼龙网板制作与安装
名 称		单位	消 耗 量
人工	合计工日	工日	23.676
	其中 普工	工日	9.470
	一般技工	工日	14.206
材料	热轧薄钢板 δ3.5~4.0	kg	27.840
	六角螺栓带螺母、垫圈 M10×150	百个	28.280
	铁件(综合)	kg	27.897
	低碳钢焊条 J422(综合)	kg	1.760
	尼龙网 30 目	m²	25.271
	其他材料费	%	1.500
机械	剪板机 10×2500mm	台班	0.018
	直流弧焊机 32kV·A	台班	0.165

二十五、刚 性 防 水

工作内容:调制砂浆,抹灰找平,压光压实。 计量单位:100m²

定额编号			6-1-175	6-1-176	6-1-177	6-1-178	6-1-179
项 目			防水砂浆				
			平池底	锥池底	直池壁	圆池壁	池沟槽
名 称		单位	消 耗 量				
人工	合计工日	工日	8.073	9.207	13.126	15.357	24.055
	其中 普工	工日	3.229	3.683	5.250	6.143	9.622
	一般技工	工日	4.844	5.524	7.876	9.214	14.433
材料	素水泥浆	m³	0.609	0.641	0.641	0.672	0.641
	干混抹灰砂浆 DP M20	m³	2.016	2.120	2.111	2.216	2.048
	防水粉	kg	55.549	58.334	57.885	60.772	56.381
	水	m³	4.490	4.516	4.513	4.539	4.498
	其他材料费	%	1.500	1.500	1.500	1.500	1.500
机械	干混砂浆罐式搅拌机	台班	0.083	0.087	0.087	0.087	0.084

工作内容:调制砂浆,抹灰找平,压光压实。 计量单位:100m²

定额编号			6-1-180	6-1-181	6-1-182	6-1-183
项 目			五层防水			
			平池底	锥池底	直池壁	圆池壁
名 称		单位	消 耗 量			
人工	合计工日	工日	15.365	17.555	20.011	23.848
	其中 普工	工日	6.146	7.022	8.004	9.539
	一般技工	工日	9.219	10.533	12.007	14.309
材料	素水泥浆	m³	0.609	0.641	0.641	0.672
	干混抹灰砂浆 DP M20	m³	1.569	1.662	1.641	1.732
	防水粉	kg	34.568	36.292	36.128	37.934
	防水油	kg	39.729	41.718	41.524	43.605
	水	m³	4.391	4.415	4.620	4.643
	其他材料费	%	1.500	1.500	1.500	1.500
机械	干混砂浆罐式搅拌机	台班	0.066	0.070	0.069	0.073

二十六、柔 性 防 水

工作内容:清扫及烘干基层、配料、熬油,清扫油毡,砂子筛洗。 计量单位:100m²

定额编号			6-1-184	6-1-185	6-1-186	6-1-187
项 目			涂沥青			
			平面一遍	平面每增一遍	立面一遍	立面每增一遍
名 称		单位	消 耗 量			
人工	合计工日	工日	2.016	0.621	2.457	0.864
	其中 普工	工日	0.806	0.248	0.983	0.346
	一般技工	工日	1.210	0.373	1.474	0.518
材料	石油沥青 30#	kg	187.005	150.997	221.996	187.005
	冷底子油	kg	48.000	—	52.000	—
	木柴	kg	80.003	51.997	93.995	64.999
	其他材料费	%	1.500	0.250	1.500	0.250

工作内容:清扫及烘干基层、配料、熬油,清扫油毡,砂子筛洗。 计量单位:100m²

定 额 编 号			6-1-188	6-1-189	6-1-190	6-1-191	6-1-192	6-1-193
项 目			油毡防水层				苯乙烯涂料	
			平面二毡三油	平面增减一毡一油	立面二毡三油	立面增减一毡一油	平面二遍	立面二遍
名 称		单位	消 耗 量					
人工	合计工日	工日	7.029	2.466	11.844	3.969	1.989	1.989
	其中 普工	工日	2.812	0.986	4.738	1.588	0.796	0.796
	一般技工	工日	4.217	1.480	7.106	2.381	1.193	1.193
材料	石油沥青 30#	kg	565.001	183.995	604.995	197.997	—	—
	石油沥青油毡 350#	m²	305.630	148.487	305.630	148.487	—	—
	冷底子油	kg	48.000	—	48.000	—	—	—
	木柴	kg	211.002	63.998	225.005	68.002	—	—
	苯乙烯涂料	kg	—	—	—	—	50.500	52.000
	其他材料费	%	0.500	0.250	0.500	0.250	0.250	0.250

二十七、变 形 缝

工作内容:熬制沥青、玛琋脂,调配沥青麻丝、浸木丝板、拌和沥青砂浆,填塞、嵌缝、灌缝。 计量单位:100m

定 额 编 号			6-1-194	6-1-195	6-1-196	6-1-197	6-1-198	6-1-199
项 目			油浸麻丝		油浸木丝板	玛琋脂	建筑油膏	沥青砂浆
			平面	立面				
名 称		单位	消 耗 量					
人工	合计工日	工日	6.768	10.071	5.283	5.994	5.004	5.922
	其中 普工	工日	2.707	4.028	2.113	2.398	2.002	2.369
	一般技工	工日	4.061	6.043	3.170	3.596	3.002	3.553
材料	麻丝	kg	54.000	54.000	—	—	—	—
	石油沥青 30#	kg	216.240	216.240	163.240	—	—	—
	木丝板 δ25	m²	—	—	15.300	—	—	—
	石油沥青玛琋脂	m³	—	—	—	0.503	—	—
	建筑油膏	kg	—	—	—	—	86.080	—
	沥青砂浆 1:2:7	m³	—	—	—	—	—	0.480
	木柴	kg	99.000	99.000	61.600	198.000	27.005	198.000

工作内容:1.清缝、隔纸、剪裁、焊接成型、涂胶、铺砂、熬灌胶泥等。

　　　　　2.止水带制作,接头安装。　　　　　　　　　　　　　　　计量单位:100m

定 额 编 号			6-1-200	6-1-201	6-1-202	6-1-203
项　　　目			氯丁橡胶片止水带	预埋式紫铜板止水片	聚氯乙烯胶泥	预埋式止水带橡胶
名　　　称		单位	消　耗　量			
人工	合计工日	工日	3.222	23.787	6.783	9.900
	其中 普工	工日	1.289	9.515	2.713	3.960
	一般技工	工日	1.933	14.272	4.070	5.940
材料	氯丁橡胶浆	kg	60.580	—	—	—
	橡胶板 δ2	m²	31.820	—	—	—
	水泥 P.O 42.5	kg	9.272	—	—	—
	砂子(中粗砂)	m³	0.158	—	—	—
	三异氰酸酯	kg	9.090	—	—	—
	乙酸乙酯	kg	23.000	—	—	—
	牛皮纸	m²	5.910	—	53.230	—
	紫铜板 δ2	kg	—	810.900	—	—
	铜焊条 (综合)	kg	—	14.300	—	—
	聚氯乙烯胶泥	kg	—	—	83.320	—
	干混抹灰砂浆 DP M20	m³	—	—	0.099	—
	橡胶止水带	m	—	—	—	105.000
	丙酮	kg	—	—	—	3.040
	环氧树脂	kg	—	—	—	3.159
	甲苯	kg	—	—	—	2.400
	乙二胺	kg	—	—	—	0.240
机械	剪板机 20×2500(mm)	台班	—	0.097	—	—
	直流弧焊机 32kV·A	台班	—	0.551	—	—

工作内容:1.清缝、隔纸、剪裁、焊接成型、涂胶、铺砂、熬灌胶泥等。

　　　　　2.止水带制作,接头安装。　　　　　　　　　　　　　　　计量单位:100m

定 额 编 号			6-1-204	6-1-205	6-1-206
项　　　目			预埋式止水带塑料	铁皮盖缝平面	铁皮盖缝立面
名　　　称		单位	消　耗　量		
人工	合计工日	工日	9.900	6.603	5.821
	其中 普工	工日	3.960	2.641	2.328
	一般技工	工日	5.940	3.962	3.493
材料	塑料止水带	m	105.512	—	—
	丙酮	kg	3.040	—	—
	环氧树脂	kg	3.159	—	—
	甲苯	kg	2.400	—	—
	乙二胺	kg	0.240	—	—
	镀锌钢板(综合)	m²	—	62.540	53.000
	板枋材	m³	—	1.149	0.301
	圆钉	kg	—	2.100	0.700
	防腐油	kg	—	6.760	5.310
	焊锡	kg	—	4.060	3.440
	木炭	kg	—	18.561	15.728
	盐酸 31% 合成	kg	—	0.860	0.740

工作内容:填塞、嵌缝、灌缝,钢板剪裁接头及安装。 计量单位:100m

定额编号			6-1-207	6-1-208	6-1-209	6-1-210
项 目			外贴式橡胶止水带		预埋式钢板止水带	
			平面	立面	平面	立面
名 称		单位	消 耗 量			
人工	合计工日	工日	11.000	18.480	18.400	20.976
	其中 普工	工日	4.400	7.392	7.360	8.390
	一般技工	工日	6.600	11.088	11.040	12.586
材料	橡胶止水带 300×8	m	103.000	103.000	—	—
	热轧薄钢板 δ2.0~4.0	t	—	—	0.961	0.961
	低合金钢焊条 E43 系列	kg	—	—	21.707	21.707
	其他材料费	元	100.000	100.000	16.860	16.860
机械	剪板机 40×3100(mm)	台班	—	—	0.098	0.098
	直流弧焊机 32kV·A	台班	—	—	0.551	0.551

二十八、井、池渗漏试验

工作内容:准备工具、灌水、检查、排水、现场清洗、清理等。

定额编号			6-1-211	6-1-212	6-1-213	6-1-214
项 目			井、池(容量)			
			500m³ 以内	5000m³ 以内	10000m³ 以内	10000m³ 以外
			100m³	1000m³		
名 称		单位	消 耗 量			
人工	合计工日	工日	5.371	9.752	13.712	15.692
	其中 普工	工日	2.148	3.901	5.485	6.277
	一般技工	工日	3.223	5.851	8.227	9.415
材料	水	m³	100.000	1000.000	1000.000	1000.000
	塑料软管 De20	m	2.000	2.000	2.000	2.000
	镀锌铁丝 φ3.5	kg	0.507	0.407	0.407	0.407
	木板标尺	m³	0.001	0.001	0.001	0.001
	其他材料费	%	1.000	1.000	1.000	1.000
机械	电动单级离心清水泵 100mm	台班	0.230	—	—	—
	电动单级离心清水泵 150mm	台班	—	3.680	7.360	11.058

二十九、预拌混凝土输送及泵管安拆使用

工作内容：泵管安拆、清洗、整理、堆放；输送泵（车）就位；混凝土输送、清理。

定额编号		6-1-215	6-1-216	6-1-217	6-1-218	6-1-219	6-1-220
项　目		预拌混凝土输送		垂直泵管		水平泵管	
		泵车	固定泵	安拆	使用	安拆	使用
		m³		延长米	延长米·天	延长米	延长米·天
名　称	单位	消耗量					
人工	合计工日	工日	—	—	0.209	—	0.006	—
其中	普工	工日	—	—	0.084	—	0.002	—
	一般技工	工日	—	—	0.125	—	0.004	—
材料	脚手架钢管	kg	—	—	0.097	—	0.050	—
	扣件	个	—	—	0.372	—	0.014	—
	泵管	m	—	—	0.010	—	0.003	—
	方卡	只	—	—	0.387	—	0.383	—
	垫片	个	—	—	0.788	—	0.765	—
	泵管使用	m·d	—	—	—	1.000	—	1.000
	防锈漆	kg	—	—	0.007	—	0.004	—
	水	m³	0.100	0.100	—	—	—	—
机械	混凝土输送泵车75m³/h	台班	0.014	—	—	—	—	—
	混凝土输送泵车45m³/h	台班	—	0.017	—	—	—	—
	载重汽车5t	台班	—	—	0.001	—	0.001	—

三十、防 水 防 腐

工作内容：清理基层、喷水湿润混凝土表面、配置涂料、刷底涂、刮涂修平层、打磨、找平、修整。

计量单位：100m²

定额编号		6-1-221	6-1-222	6-1-223
项　目		环氧水泥改性聚合物修平涂层		
		池内底板	池内壁	池内顶板
名　称	单位	消耗量		
人工	合计工日	工日	2.150	2.800	3.108
其中	普工	工日	0.860	1.120	1.243
	一般技工	工日	1.290	1.680	1.865
材料	环氧水泥改性聚合物防水防腐涂料	kg	323.200	323.200	323.200
	环氧水泥改性聚合物底涂	kg	8.080	8.820	8.820
	其他材料费	%	2.000	2.000	2.000

注：修平涂层均系按2mm考虑。若设计采用不同型号产品时，可以进行换算，配制损耗率1%；厚度不同时，材料用量可以换算，人工不变。

工作内容:清扫基层、配制油漆、涂刷。

计量单位:100m²

定额编号			6-1-224	6-1-225	6-1-226	6-1-227	6-1-228	6-1-229
项 目			改性环氧树脂防水防腐涂料					
			池内底板					
			封闭底漆 一遍	封闭底漆 每增一遍	中间漆 一遍	中间漆 每增一遍	面漆 一遍	面漆 每增一遍
名 称		单位	消 耗 量					
人工	合计工日	工日	7.100	5.680	5.500	4.400	5.000	4.000
	其中 普工	工日	2.840	2.272	2.200	1.760	2.000	1.600
	一般技工	工日	4.260	3.408	3.300	2.640	3.000	2.400
材料	改性环氧树脂封闭底漆	kg	19.760	16.770	—	—	—	—
	改性环氧树脂中间漆	kg	—	—	16.510	16.380	—	—
	改性环氧树脂面漆	kg	—	—	—	—	17.940	17.230
	砂布	张	15.750	15.750	15.750	15.750	15.750	15.750
机械	轴流通风机 7.5kW	台班	7.961	6.369	7.961	6.369	7.961	6.369

注:每遍漆干膜厚度均系按0.2mm考虑的。实际防腐涂层与本项目取定不同时,材料用量可以换算,配制损耗率1%,其他不变。

工作内容:清扫基层、配制油漆、涂刷。

计量单位:100m²

定额编号			6-1-230	6-1-231	6-1-232	6-1-233	6-1-234	6-1-235
项 目			改性环氧树脂防水防腐涂料					
			池内壁					
			封闭底漆 一遍	封闭底漆 每增一遍	中间漆一遍	中间漆 每增一遍	面漆 一遍	面漆 每增一遍
名 称		单位	消 耗 量					
人工	合计工日	工日	9.230	7.384	7.150	5.720	6.500	5.200
	其中 普工	工日	3.692	2.954	2.860	2.288	2.600	2.080
	一般技工	工日	5.538	4.430	4.290	3.432	3.900	3.120
材料	改性环氧树脂封闭底漆	kg	19.760	16.770	—	—	—	—
	改性环氧树脂中间漆	kg	—	—	16.510	16.380	—	—
	改性环氧树脂面漆	kg	—	—	—	—	17.940	17.230
	砂布	张	15.750	15.750	15.750	15.750	15.750	15.750
机械	轴流通风机 7.5kW	台班	7.961	6.369	7.961	6.369	7.961	6.369

注:每遍漆干膜厚度均系按0.2mm考虑的。实际防腐涂层与本项目取定不同时,材料用量可以换算,配制损耗率1%,人工不变。

工作内容:清扫基层、配制油漆、涂刷。

计量单位:100m²

定 额 编 号			6-1-236	6-1-237	6-1-238	6-1-239	6-1-240	6-1-241
项 目			改性环氧树脂防水防腐涂料					
			池内顶板					
			封闭底漆 一遍	封闭底漆 每增一遍	中间漆 一遍	中间漆 每增一遍	面漆 一遍	面漆 每增一遍
名 称		单位	消 耗 量					
人工	合计工日	工日	10.224	8.179	7.920	6.336	7.200	5.760
	其中 普工	工日	4.090	3.272	3.168	2.534	2.880	2.304
	一般技工	工日	6.134	4.907	4.752	3.802	4.320	3.456
材料	改性环氧树脂封闭底漆	kg	19.760	16.770	—	—	—	—
	改性环氧树脂中间漆	kg	—	—	16.510	16.380	—	—
	改性环氧树脂面漆	kg	—	—	—	—	17.940	17.230
	砂布	张	15.750	15.750	15.750	15.750	15.750	15.750
机械	轴流通风机 7.5kW	台班	7.961	6.369	7.961	6.369	7.961	6.369

注:每遍漆干膜厚度均系按 0.2mm 考虑的。实际防腐涂层与本项目取定不同时,材料用量可以换算,配制损耗率1%,人工不变。

第二章　水处理设备
（040602）

说　明

一、本章定额包括水处理工程相关的格栅、格栅除污机、滤网清污机、压榨机、刮(吸)砂机、刮(吸)泥机、砂水分离器、曝气器、布气管、生物转盘等设备安装项目。

二、本章中的搬运工作内容,设备包括自安装现场指定堆放地点运到安装地点的水平和垂直搬运;机具和材料包括自施工单位现场出库点运至安装地点的水平和垂直搬运。

三、本章各机械设备项目中已含单机试运转和调试工作,成套设备和分系统调试可执行《通用安装工程消耗量定额》相应项目。

四、本章设备安装按无外围护条件下施工编制,如在有外围护的施工条件下施工,定额人工及机械乘以1.15,其他不变。

五、本章涉及轨道安装的设备,如移动式格栅除污机、桁车式刮泥机等,其轨道及相应附件安装执行《通用安装工程消耗量定额》相应项目。

六、本章中各类设备的预埋件及设备基础二次灌浆,均另外计算。

七、冲洗装置根据设计内容执行《通用安装工程消耗量定额》相应项目。

八、本章中曝气机、臭氧消毒、除臭、膜处理、氯吸收装置、转盘过滤器等设备安装定额项目仅设置了其主体设备的安装内容,与主体设备配套的管路系统(管道、阀门、法兰、泵)、风路系统、电气系统、控制系统等,应根据其设计或二次设计内容执行《通用安装工程消耗量定额》相应项目。

九、本章中的布气钢管以及其他金属管道防腐,执行《通用安装工程消耗量定额》的相应项目。

十、各节有关说明:

1. 格栅组对的胎具制作,另行计算。

2. 格栅制作安装是按现场加工制作、组件拼装施工编制。采用成品格栅时,执行格栅整体安装定额项目。

3. 平板格网制作安装按现场加工制作、组件拼装施工编制。采用成品平板格网的,执行平板格网整体安装定额项目。

4. 旋流沉砂器的工作内容不含工作桥安装,发生时工作桥安装执行《通用安装工程消耗量定额》相应项目。

5. 周边传动刮泥机不分单、双驱动,统一按本章项目执行。

6. 桁车式刮泥机在斜管沉淀池中安装,人工、机械消耗量乘以系数1.05。

7. 吸泥机以虹吸式为准,如采用泵吸式时,人工、机械消耗量乘以系数1.1。

8. 中心传动吸泥机采用单管式编制,如采用双管式时,人工、机械消耗量乘以系数1.05。

9. 布气管应执行本章项目,与布气管相连的通气管执行《通用安装工程消耗量定额》相应项目。布气管与通气管的划分以通气立管的底端与布气管相连的弯头为界。布气管综合考虑了配套管件的安装。

10. 立式混合搅拌机平叶浆、折板浆、螺旋桨按浆叶外径3m以内编制,在深度超过3.5m的池内安装时,人工、机械消耗量乘以系数1.05。

11. 管式混合器按"两节"编制,如为"三节"时,人工、材料、机械消耗量乘以系数1.3。

12. 污泥脱水机械已综合考虑设备安装就位的上排、拐弯、下排,施工方法与定额不同时,不得调整。板框压滤机是按照采用大型起吊设备安装,在支承结构完成后安装板框压滤机,板框压滤机安装就位后再进行厂房土建封闭的安装施工工序编制。

13. 铸铁圆闸门项目已综合考虑升杆式和暗杆式等闸门机构形式,安装深度按6m以内编制,使用时除深度大于6m外,其他均不得调整。铸铁方闸门以带门框座为准,其安装深度按6m以内编制。

闸门项目含闸槽安装,已综合考虑单吊点、双吊点的因素;因闸门开启方向和进出水的方式不同时,不作调整,均执行本章项目。

14. 铸铁堰门安装深度按3m以内编制。

15. 启闭机安装深度按手轮式为3m、手摇式为4.5m、电动为6m、气动为3m以内编制。

16. 集水槽制作已包括了钻孔或铣孔的用工和机械,执行时,不得再另计。

17. 碳钢集水槽制作和安装中已包括了除锈和刷一遍防锈漆、二遍调合漆的人工和材料消耗量,不得另计除锈、刷油费用。底漆和面漆因品种及防腐要求不同时,可作换算,其他不变。

18. 碳钢、不锈钢矩型堰板执行齿型堰板相应项目,其中人工消耗量乘以系数0.6。

19. 金属齿型堰板安装方法是按有连接板考虑的,非金属堰板安装方法是按无连接板考虑的,如实际安装方法不同,定额不作调整。

20. 金属堰板安装是按碳钢考虑的,不锈钢堰板按金属堰板相应项目消耗量乘以系数1.2,主材另计,其他不变。

21. 非金属堰板安装适用于玻璃钢和塑料堰板。

22. 斜板、斜管安装按成品编制,不同材质的斜板不作换算。

23. 膜处理设备未包括膜处理系统单元以外的水泵、风机、曝气器、布气管、空压机、仪表、电气控制系统等附属配套设施的安装内容,执行本章相应项目或《通用安装工程消耗量定额》。

工程量计算规则

一、格栅除污机、滤网清污机、压榨机、刮砂机、吸砂机、刮泥机、吸泥机、刮吸泥机、撇渣机、砂(泥)水分离器、曝气机、搅拌机、推进器、氯吸收装置、带式压滤机、污泥脱水机、污泥浓缩机、污泥浓缩脱水一体机、污泥输送机、污泥切割机、启闭机、臭氧消毒设备、离子除臭设备、转盘过滤器等区分设备类型、材质、规格、型号和参数，以"台"计算。滗水器区分不同型号及堰长，以"台"计算；巴氏计量槽槽体安装区分不同的渠道和喉宽，以"台"计算；生物转盘区分设备重量以"台"计算，包括电动机的重量在内。

二、一体化溶药及投加设备、粉料储存投加设备投加机及计量输送机、二氧化氯发生器等设备不分设备类型、规格、型号和参数，以"台"计算。粉料储存投加设备料仓区分料仓不同直径、高度、重量，以"台"计算。

三、膜处理设备区分设备类型、工艺形式、材质结构以及膜处理系统单元产水能力，以"套"计算。

四、紫外线消毒设备以模块组计算。

五、格栅、平板格网、格栅罩区分不同材质以质量计算，集水槽区分不同材质和厚度以质量计算。钢网格支架以质量计算。

六、曝气器区分不同类型按设计图示数量以"个"计算，水射器、管式混合器区分不同公称直径以"个"计算，拍门区分不同材质和公称直径以"个"计算。

七、闸门、旋转门、堰门区分不同尺寸以"座"计算，升杆式铸铁泥阀、平底盖闸区分不同公称直径以"座"计算。

八、布气管区分不同材质和直径以长度计算。

九、堰板制作分别按碳钢、不锈钢区分厚度以面积计算；堰板安装分别按金属和非金属区分厚度以面积计算；斜板、斜管以面积计算。

一、格　栅

1. 格栅制作安装、整体安装

工作内容:1. 放样、下料、调直、打孔、机加工、组对、电焊、成品校正、除锈刷油。

2. 成品校正、构件加固、绑扎、翻身起吊、吊装就位、找正、紧固螺栓、
电焊固定、清扫。

计量单位:t

定额编号			6-2-1	6-2-2	6-2-3	6-2-4	6-2-5	6-2-6
项　目			格栅制作、安装				格栅整体安装	
			碳钢 0.3t 以内	碳钢 0.3t 以外	不锈钢 0.3t 以内	不锈钢 0.3t 以外	碳钢	不锈钢
名　称		单位	消耗量					
人工	合计工日	工日	75.706	63.215	82.517	70.521	4.515	4.515
	其中 普工	工日	18.927	15.803	20.629	17.630	1.128	1.128
	一般技工	工日	52.994	44.251	57.762	49.365	3.161	3.161
	高级技工	工日	3.785	3.161	4.126	3.526	0.226	0.226
材料	型钢(综合)	t	1.060	1.060	—	—	—	—
	不锈钢型钢(综合)	t	—	—	1.060	1.060	—	—
	型钢(综合)	kg	72.890	72.890	—	—	7.128	—
	不锈钢型钢	kg	—	—	70.200	70.200	—	6.865
	合金钢焊条	kg	9.230	10.760	—	—	4.455	—
	不锈钢焊条(综合)	kg	—	—	9.360	11.160	—	4.824
	镀锌铁丝 φ3.5	kg	0.980	0.980	0.980	0.980	0.400	0.400
	板枋材	m³	0.008	0.008	0.008	0.008	0.003	0.003
	枕木 2500×250×200	根	0.100	0.100	0.100	0.100	0.040	0.040
	酚醛调和漆	kg	9.200	9.200	—	—	—	—
	防锈漆	kg	21.100	21.100	—	—	—	—
	氧气	m³	3.830	9.130	—	—	0.069	—
	乙炔气	kg	1.276	3.044	—	—	0.023	—
	棉纱	kg	5.000	5.000	4.000	5.000	1.000	1.000
	破布	kg	3.000	4.000	3.000	4.000	1.000	1.000
	钙基润滑脂	kg	1.500	2.000	1.200	1.500	1.000	1.000
	煤油	kg	6.200	7.500	5.500	6.600	2.000	2.000
	汽油 70#~90#	kg	8.318	8.318	—	—	—	—
	硝酸纯度98%	kg	—	—	2.000	2.000	—	—
	氢氟酸45%	kg	—	—	1.000	1.000	—	—
	其他材料费	%	2.000	2.000	2.000	2.000	2.000	2.000
机械	汽车式起重机 8t	台班	2.185	2.018	2.185	2.018	—	—
	等离子切割机 400A	台班	—	—	0.039	0.118	—	—
	电动双筒慢速卷扬机 50kN	台班	1.999	1.999	1.999	1.999	—	—
	普通车床 400×2000(mm)	台班	0.575	—	0.575	—	—	—
	立式钻床 50mm	台班	2.742	—	2.742	—	—	—
	直流弧焊机 20kV·A	台班	—	—	1.858	2.222	—	0.894
	直流弧焊机 32kV·A	台班	1.862	2.170	—	—	0.893	—
	汽车式起重机 25t	台班	—	—	—	—	0.140	0.140
	载重汽车 5t	台班	—	—	—	—	0.033	0.033
	电焊条烘干箱 45×35×45(cm)	台班	0.186	0.217	0.186	0.222	0.089	0.089

注:1. 现场拼装:在设计位置处搭设拼装支架、拼装平台,或采用其他悬挂操作设施,将单元构件分件(或分块)吊至设计位置,在操
作平台上进行组件拼装,经过焊接、螺栓连接工序成为整体。

2. 成品到货整体安装:将整体构件(无需现场拼装工序)进行构件加固、绑扎、翻身起吊、吊装校正就位、焊接或螺栓固定等一系
列工序直至稳定。

2. 平板格网制作安装、整体安装

工作内容:放样、下料、调直、打孔、机加工、组对、点焊、成品校正、除锈刷漆。 计量单位:t

定 额 编 号				6-2-7	6-2-8
项 目				平板格网制作、安装	
				碳钢	不锈钢
名 称			单位	消 耗 量	
人工	合计工日		工日	66.130	72.560
	其中	普工	工日	16.532	18.140
		一般技工	工日	46.291	50.792
		高级技工	工日	3.307	3.628
材料	型钢(综合)		t	1.132	—
	不锈钢型钢(综合)		t	—	1.130
	镀锌铁丝 φ2.5~1.4		kg	0.950	0.950
	枕木 2500×250×200		根	0.100	0.100
	木材(成材)		m³	0.008	0.008
	低碳钢焊条 J422(综合)		kg	8.488	—
	不锈钢焊条(综合)		kg	—	8.620
	不锈钢丝网		m²	—	21.000
	钢丝网(综合)		m²	21.000	—
	红丹防锈漆		kg	18.990	—
	调和漆		kg	8.280	—
	氢氟酸 45%		kg	1.080	0.900
	硝酸		kg	—	1.800
	氧气		m³	3.470	—
	乙炔气		kg	1.155	—
	破布		kg	4.600	2.800
	棉纱头		kg	8.560	3.700
	钙基润滑脂		kg	1.450	1.180
	煤油		kg	5.780	5.150
	汽油(综合)		kg	7.560	—
	其他材料费		%	2.000	2.000
机械	汽车式起重机 8t		台班	2.109	1.987
	等离子切割机 400A		台班	—	0.039
	电动双筒慢速卷扬机 50kN		台班	2.110	1.814
	普通车床 400×2000(mm)		台班	—	0.498
	立式钻床 50mm		台班	—	1.989
	直流弧焊机 20kV·A		台班	—	1.846
	直流弧焊机 32kV·A		台班	2.689	—
	电焊条烘干箱 45×35×45(cm)		台班	0.269	0.185

注:现场拼装:在设计位置处搭设拼装支架、拼装平台,或采用其他悬挂操作设施,将单元构件分件(或分块)吊至设计位置,在操作平台上进行组件拼装,经过焊接、螺栓连接工序成为整体。

工作内容:成品校正、构件加固、绑扎、翻身起吊、吊装就位、找正、紧固螺栓、电焊固定、
清扫。

计量单位:t

定 额 编 号			6-2-9	6-2-10
项　　目			平板格网整体安装	
			碳钢	不锈钢
名　　称		单位	消 耗 量	
人工	合计工日	工日	4.302	4.302
	其中 普工	工日	1.076	1.076
	一般技工	工日	3.011	3.011
	高级技工	工日	0.215	0.215
材料	型钢(综合)	kg	7.128	—
	低碳钢焊条 J422(综合)	kg	4.445	—
	不锈钢型钢	kg	—	6.865
	不锈钢焊条(综合)	kg	—	4.824
	板枋材	m³	0.003	0.003
	镀锌铁丝 φ2.5~1.4	kg	0.400	0.400
	棉纱头	kg	1.000	1.000
	氧气	m³	0.069	—
	乙炔气	kg	0.023	—
	破布	kg	1.000	1.000
	钙基润滑脂	kg	1.000	1.000
	煤油	kg	2.000	2.000
	其他材料费	%	2.000	2.000
机械	汽车式起重机 25t	台班	0.134	0.134
	载重汽车 5t	台班	0.032	0.032
	直流弧焊机 32kV·A	台班	0.964	—
	直流弧焊机 20kV·A	台班		0.965
	电焊条烘干箱 45×35×45(cm)	台班	0.096	0.097

注:成品到货整体安装:将整体构件(无需现场拼装工序)进行构件加固、绑扎、翻身起吊、吊装校正就位、焊接或螺栓固定等一系列
工序直至稳定。

3. 格栅罩制作安装

工作内容: 放样、下料、调直、打孔、机加工、组对、焊接、除锈刷漆。 计量单位:t

定 额 编 号			6-2-11	6-2-12
项 目			格栅罩制作	
			碳钢	不锈钢
名 称		单位	消 耗 量	
人工	合计工日	工日	38.850	45.650
	其中 普工	工日	9.712	11.412
	一般技工	工日	27.195	31.955
	高级技工	工日	1.943	2.283
材料	型钢(综合)	t	1.060	—
	不锈钢型钢(综合)	t	—	1.060
	镀锌铁丝 $\phi 2.5 \sim 1.4$	kg	0.404	0.404
	枕木 $2500 \times 250 \times 200$	根	0.042	0.042
	木材(成材)	m³	0.003	0.032
	不锈钢焊条(综合)	kg	—	11.660
	氢氟酸 45%	kg	—	0.820
	硝酸	kg	—	1.600
	低碳钢焊条 J422(综合)	kg	11.484	—
	调和漆	kg	7.544	—
	防锈漆	kg	17.302	—
	氧气	m³	7.832	—
	乙炔气	kg	2.611	—
	尼龙砂轮片 $\phi 100 \times 16 \times 3$	片	0.537	0.301
	棉纱头	kg	3.232	3.232
	破布	kg	2.520	2.520
	钙基润滑脂	kg	0.816	0.408
	煤油	kg	4.488	3.754
	汽油 (综合)	kg	6.854	—
机械	汽车式起重机 16t	台班	0.775	0.775
	刨边机 12000mm	台班	0.025	0.014
	液压机 500kN	台班	0.014	0.012
	卷板机 20×2500(mm)	台班	0.027	0.022
	剪板机 20×2500(mm)	台班	0.010	0.010
	电动空气压缩机 $6m^3/min$	台班	0.002	—
	等离子切割机 400A	台班	—	0.102
	电动单梁起重机 5t	台班	0.030	0.021
	电动双筒慢速卷扬机 50kN	台班	0.857	0.857
	直流弧焊机 $20kV \cdot A$	台班	2.095	1.597
	电焊条烘干箱 $45 \times 35 \times 45$(cm)	台班	0.210	0.160

工作内容:点焊、成品校正、除锈刷油。　　　　　　　　　　　　　　　　　　　　　　计量单位:t

定　额　编　号			6-2-13	6-2-14
项　　目			格栅罩安装	
			碳钢	不锈钢
名　　称		单位	消　耗　量	
人工	合计工日	工日	9.340	9.340
	其中 普工	工日	2.335	2.335
	一般技工	工日	6.538	6.538
	高级技工	工日	0.467	0.467
材料	镀锌铁丝 $\phi2.5 \sim 1.4$	kg	3.030	3.030
	枕木	m^3	0.037	0.037
	板枋材	m^3	0.026	0.026
	低碳钢焊条 J422 $\phi3.2$	kg	0.666	—
	不锈钢焊条(综合)	kg	—	0.715
	平垫铁 Q195 ~ Q235 1#	块	4.080	4.080
	斜垫铁 Q195 ~ Q235 1#	块	8.160	8.160
	氧气	m^3	0.369	—
	乙炔气	kg	0.121	—
	尼龙砂轮片 $\phi150$	片	0.210	0.210
机械	汽车式起重机 25t	台班	0.128	0.128
	汽车式起重机 8t	台班	0.043	0.043
	载重汽车 10t	台班	0.043	0.043
	直流弧焊机 20kV·A	台班	0.213	0.213
	电焊条烘干箱 45×35×45(cm)	台班	0.021	0.021

二、格栅除污机

1.移动式格栅除污机

工作内容:开箱点件、基础划线、场内运输、设备吊装就位、精平、组装、附件组装、清洗、检查、加油、无负荷试运转。

计量单位:台

定 额 编 号			6-2-15	6-2-16	6-2-17	6-2-18	6-2-19	6-2-20
项 目			移动式(渠道宽 m 以内)					
			1.2		2		3	
			深(m 以内)					
			5	每增减 1	5	每增减 1	5	每增减 1
名 称		单位	消 耗 量					
人工	合计工日	工日	28.440	1.422	31.290	1.565	35.990	3.599
	其中 普工	工日	7.110	0.356	7.822	0.391	8.997	0.900
	一般技工	工日	19.908	0.995	21.903	1.096	25.193	2.519
	高级技工	工日	1.422	0.071	1.565	0.078	1.800	0.180
材料	镀锌铁丝 φ2.5~1.4	kg	3.232	—	3.555	—	4.091	—
	枕木 2500×250×200	根	0.252	—	0.277	—	0.326	—
	木材(成材)	m³	0.017	—	0.019	—	0.022	—
	低碳钢焊条 J422(综合)	kg	0.774	—	0.851	—	0.979	—
	棉纱头	kg	2.424	—	2.666	—	3.070	—
	破布	kg	1.680	—	1.848	—	2.121	—
	钙基润滑脂	kg	4.814	—	5.294	—	6.089	—
	机油 5#~7#	kg	1.648	—	1.813	—	2.163	—
	煤油	kg	3.264	—	3.590	—	4.131	—
	汽油(综合)	kg	1.224	—	1.346	—	1.548	—
	其他材料费	%	2.000	—	2.000	—	2.000	—
机械	汽车式起重机 8t	台班	0.313	0.032	0.344	0.035	0.396	0.060
	载重汽车 5t	台班	0.102	0.010	0.113	0.011	0.130	0.020
	直流弧焊机 32kV·A	台班	0.154	0.015	0.169	0.017	0.170	0.026
	电焊条烘干箱 45×35×45(cm)	台班	0.015	0.002	0.017	0.002	0.017	0.003

2. 钢绳牵引式、深链式格栅除污机

工作内容:开箱点件、基础划线、场内运输、设备吊装就位、一次灌浆、精平、组装、
附件组装、清洗、检查、加油、无负荷试运转。　　　　　　　　计量单位:台

定额编号			6-2-21	6-2-22	6-2-23	6-2-24
项　目			钢绳牵引式、深链式(渠道宽 m 以内)			
			1.2		2	
			渠道深(m 以内)			
			5	每增加 1	5	每增加 1
名　称		单位	消　耗　量			
人工	合计工日	工日	30.000	1.500	34.000	1.700
	其中 普工	工日	7.500	0.375	8.500	0.425
	一般技工	工日	21.000	1.050	23.800	1.190
	高级技工	工日	1.500	0.075	1.700	0.085
材料	镀锌铁丝 φ2.5~1.4	kg	3.030	—	3.030	—
	枕木 2500×250×200	根	0.315	—	0.315	—
	木材(成材)	m³	0.024	—	0.024	—
	水泥 P.O 42.5	kg	67.442	—	67.442	—
	砂子(中砂)	m³	0.118	—	0.118	—
	碎石 10	m³	0.130	—	0.130	—
	棉纱头	kg	1.071	—	1.071	—
	低碳钢焊条 J422(综合)	kg	2.717	—	2.717	—
	平垫铁 Q195~Q235 1#	块	4.080	—	4.080	—
	斜垫铁 Q195~Q235 1#	块	8.160	—	8.160	—
	破布	kg	2.751	—	2.751	—
	钙基润滑脂	kg	4.590	—	4.590	—
	煤油	kg	4.131	—	4.131	—
	汽油(综合)	kg	1.153	—	1.153	—
	机油 5#~7#	kg	1.627	—	1.627	—
机械	汽车式起重机 8t	台班	0.574	0.057	0.606	0.061
	载重汽车 5t	台班	0.153	0.015	0.162	0.016
	直流弧焊机 32kV·A	台班	0.480	0.048	0.511	0.051
	电焊条烘干箱 45×35×45(cm)	台班	0.048	0.005	0.051	0.005

工作内容:开箱点件、基础划线、场内运输、设备吊装就位、一次灌浆、精平、组装、
　　　　　附件组装、清洗、检查、加油、无负荷试运转。

计量单位:台

定 额 编 号			6-2-25	6-2-26	6-2-27	6-2-28
项　　目			钢绳牵引式、深链式(渠道宽 m 以内)			
			3		4	
			渠道深(m 以内)			
			5	每增加 1	5	每增加 1
名　　称		单位	消　耗　量			
人工	合计工日	工日	41.400	2.000	52.000	2.600
	其中 普工	工日	10.350	0.500	13.000	0.650
	一般技工	工日	28.980	1.400	36.400	1.820
	高级技工	工日	2.070	0.100	2.600	0.130
材料	镀锌铁丝 φ2.5~1.4	kg	3.535	—	4.040	—
	枕木 2500×250×200	根	0.315	—	0.420	—
	木材(成材)	m³	0.028	—	0.041	—
	水泥 P.O 42.5	kg	85.048	—	128.816	—
	砂子(中砂)	m³	0.149	—	0.225	—
	碎石 10	m³	0.162	—	0.247	—
	棉纱头	kg	1.576	—	2.586	—
	低碳钢焊条 J422(综合)	kg	2.926	—	3.740	—
	平垫铁 Q195~Q235 1#	块	4.080	—	4.080	—
	斜垫铁 Q195~Q235 1#	块	8.160	—	8.160	—
	破布	kg	3.381	—	4.431	—
	钙基润滑脂	kg	6.018	—	8.058	—
	煤油	kg	5.151	—	4.162	—
	汽油(综合)	kg	1.173	—	1.683	—
	机油 5#~7#	kg	2.142	—	7.262	—
机械	汽车式起重机 8t	台班	0.673	0.067	0.723	0.108
	载重汽车 5t	台班	0.168	0.017	0.192	0.029
	直流弧焊机 32kV·A	台班	0.522	0.052	0.667	0.100
	电焊条烘干箱 45×35×45(cm)	台班	0.052	0.005	0.067	0.010

3. 反捞式、回转式、齿耙式格栅除污机

工作内容: 开箱点件、基础划线、场内运输、设备吊装就位、一次灌浆、精平、组装、附件组装、清洗、检查、加油、无负荷试运转。

计量单位:台

定　额　编　号			6-2-29	6-2-30	6-2-31	6-2-32
项　　目			反捞式、回转式、齿耙式(渠道宽 m 以内)			
			0.8		1.5	
			渠道深(m 以内)			
			3	每增加 1	3	每增加 1
名　　称		单位	消　耗　量			
人工	合计工日	工日	20.000	1.000	22.000	1.100
	其中　普工	工日	5.000	0.250	5.500	0.275
	一般技工	工日	14.000	0.700	15.400	0.770
	高级技工	工日	1.000	0.050	1.100	0.055
材料	镀锌铁丝 $\phi 2.5 \sim 1.4$	kg	3.030	—	3.030	—
	木材(成材)	m³	0.024	—	0.024	—
	枕木 2500×250×200	根	0.315		0.315	
	水泥 P.O 42.5	kg	85.048	—	85.048	—
	砂子(中砂)	m³	0.149		0.149	
	碎石 10	m³	0.162		0.162	
	棉纱头	kg	1.071	—	1.071	—
	低碳钢焊条 J422(综合)	kg	2.717		2.717	
	平垫铁 Q195～Q235 1#	块	4.080		4.080	
	斜垫铁 Q195～Q235 1#	块	8.160		8.160	
	破布	kg	2.751		2.751	
	钙基润滑脂	kg	4.590		4.590	
	机油 5#～7#	kg	1.627		1.627	
	煤油	kg	4.131		4.131	
	汽油(综合)	kg	1.153	—	1.153	—
机械	汽车式起重机 8t	台班	0.108	0.057	0.632	0.063
	载重汽车 5t	台班	0.029	0.015	0.168	0.017
	直流弧焊机 32kV·A	台班	0.100	0.048	0.533	0.053
	电焊条烘干箱 45×35×45(cm)	台班	0.010	0.005	0.053	0.005

工作内容：开箱点件、基础划线、场内运输、设备吊装就位、一次灌浆、精平、组装、

附件组装、清洗、检查、加油、无负荷试运转。 计量单位：台

定 额 编 号			6-2-33	6-2-34	6-2-35	6-2-36
项 目			反捞式、回转式、齿耙式（渠道宽 m 以内）			
			2		3	
			渠道深（m 以内）			
			3	每增加 1	3	每增加 1
名 称		单位	消 耗 量			
人工	合计工日	工日	26.500	1.300	35.000	1.750
	其中 普工	工日	6.625	0.325	8.750	0.437
	一般技工	工日	18.550	0.910	24.500	1.225
	高级技工	工日	1.325	0.065	1.750	0.088
材料	镀锌铁丝 φ2.5~1.4	kg	3.535	—	4.040	—
	木材（成材）	m³	0.028	—	0.041	—
	枕木 2500×250×200	根	0.315	—	0.420	—
	水泥 P.O 42.5	kg	166.260	—	128.816	—
	砂子（中砂）	m³	0.347	—	0.225	—
	碎石 10	m³	0.428	—	0.247	—
	棉纱头	kg	1.576	—	2.586	—
	低碳钢焊条 J422（综合）	kg	2.926	—	3.740	—
	平垫铁 Q195~Q235 1#	块	4.080	—	4.080	—
	斜垫铁 Q195~Q235 1#	块	8.160	—	8.160	—
	破布	kg	3.381	—	4.431	—
	钙基润滑脂	kg	6.018	—	8.058	—
	机油 5#~7#	kg	2.142	—	4.202	—
	煤油	kg	5.151	—	7.191	—
	汽油（综合）	kg	1.173	—	1.683	—
机械	汽车式起重机 8t	台班	0.673	0.067	0.673	0.067
	载重汽车 5t	台班	0.168	0.017	0.192	0.019
	直流弧焊机 32kV·A	台班	0.522	0.052	0.667	0.067
	电焊条烘干箱 45×35×45（cm）	台班	0.052	0.005	0.067	0.007

4.转鼓式格栅除污机

工作内容:开箱点件、基础划线、场内运输、设备吊装就位、一次灌浆、精平、组装、
附件组装、清洗、检查、加油、无负荷试运转。

计量单位:台

定　额　编　号			6-2-37	6-2-38	6-2-39
项　　目			转鼓式(直径 m 以内)		
			1	2	3
名　　称		单位	消　耗　量		
人工	合计工日	工日	15.400	21.000	24.600
	其中 普工	工日	3.850	5.250	6.150
	一般技工	工日	10.780	14.700	17.220
	高级技工	工日	0.770	1.050	1.230
材料	镀锌铁丝 φ2.5~1.4	kg	3.030	3.535	4.040
	木材(成材)	m³	0.024	0.028	0.041
	枕木 2500×250×200	根	0.315	0.315	0.420
	水泥 P.O 42.5	kg	67.442	67.442	128.816
	砂子(中砂)	m³	0.118	0.118	0.225
	碎石 10	m³	0.130	0.130	0.247
	棉纱头	kg	1.071	1.576	2.586
	低碳钢焊条 J422(综合)	kg	2.717	2.926	3.740
	平垫铁 Q195~Q235 1#	块	4.080	4.080	4.080
	斜垫铁 Q195~Q235 1#	块	8.160	8.160	8.160
	破布	kg	2.751	3.381	4.431
	钙基润滑脂	kg	4.590	6.018	8.058
	机油 5#~7#	kg	1.627	2.142	4.202
	煤油	kg	4.131	5.151	7.191
	汽油(综合)	kg	1.153	1.173	1.683
机械	汽车式起重机 8t	台班	0.638	0.731	0.860
	载重汽车 5t	台班	0.170	0.213	0.215
	直流弧焊机 32kV·A	台班	0.538	0.667	0.741
	电焊条烘干箱 45×35×45(cm)	台班	0.054	0.067	0.074

三、滤网清污机

工作内容: 开箱点件、基础划线、场内运输、设备吊装就位、一次灌浆、精平、组装,
附件组装、清洗、检查、加油,无负荷试运转。

计量单位:台

定 额 编 号			6-2-40	6-2-41	6-2-42	6-2-43	6-2-44
项 目			滤网清污机(渠道宽 m 以内)				
			1.5	2.5	3.5	4	4.5
			渠道深(m 以内)				
			6	10		12	
名 称		单位	消 耗 量				
人工	合计工日	工日	39.200	42.900	46.700	52.740	58.670
	其中 普工	工日	9.800	10.725	11.675	13.185	14.667
	一般技工	工日	27.440	30.030	32.690	36.918	41.069
	高级技工	工日	1.960	2.145	2.335	2.637	2.934
材料	钢板 δ3~10	kg	1.260	1.575	1.890	2.100	2.310
	镀锌铁丝 φ2.5~1.4	kg	3.030	3.535	3.535	3.535	4.040
	木材(成材)	m³	0.020	0.022	0.024	0.026	0.028
	枕木 2500×250×200	根	0.315	0.315	0.315	0.315	0.315
	水泥 P.O 42.5	kg	67.442	74.185	81.600	89.964	98.960
	砂子(中砂)	m³	0.118	0.131	0.144	0.158	0.174
	碎石 10	m³	0.130	0.142	0.156	0.171	0.189
	棉纱头	kg	1.010	1.212	1.313	1.414	1.515
	低碳钢焊条 J422(综合)	kg	2.310	2.530	2.640	2.860	3.080
	平垫铁 Q195~Q235 1#	块	4.080	4.080	4.080	4.080	4.080
	斜垫铁 Q195~Q235 1#	块	8.160	8.160	8.160	8.160	8.160
	氧气	m³	0.330	0.330	0.330	0.330	0.330
	乙炔气	kg	0.110	0.110	0.110	0.110	0.110
	破布	kg	2.100	2.415	2.625	2.940	3.150
	钙基润滑脂	kg	3.570	4.080	4.080	4.896	5.100
	机油 5#~7#	kg	1.545	2.060	2.575	3.296	4.120
	煤油	kg	3.060	4.080	5.100	6.120	8.160
	汽油(综合)	kg	1.020	1.224	1.428	1.530	1.530
机械	载重汽车 5t	台班	0.204	0.247	—	—	—
	载重汽车 10t	台班	—	—	—	0.357	—
	载重汽车 12t	台班	—	—	0.306	—	0.374
	汽车式起重机 8t	台班	0.791	1.020	1.284	—	—
	汽车式起重机 12t	台班	—	—	—	—	0.374
	汽车式起重机 16t	台班	—	—	—	1.480	1.675
	直流弧焊机 32kV·A	台班	0.457	0.502	0.523	0.567	0.610
	电焊条烘干箱 45×35×45(cm)	台班	0.046	0.050	0.052	0.057	0.061

四、压榨机

1. 螺旋输送压榨机

工作内容：开箱点件、基础划线、场内运输、设备吊装就位、一次灌浆、精平、组装，
附件组装、清洗、检查、加油，无负荷试运转。　　　　　　　　　　　　计量单位：台

定额编号			6-2-45	6-2-46	6-2-47	6-2-48
项　目			螺旋输送压榨机（螺旋直径 mm 以内）			
			300		550	
			基本输送长（3m 以内）	输送长（每增加输送长 2m 以内）	基本输送长（3m 以内）	输送长（每增加输送长 2m 以内）
名　称		单位	消　耗　量			
人工	合计工日	工日	5.650	0.565	8.400	0.840
	其中　普工	工日	1.412	0.141	2.100	0.210
	一般技工	工日	3.955	0.396	5.880	0.588
	高级技工	工日	0.283	0.028	0.420	0.042
材料	热轧薄钢板 δ1.0～3	kg	0.297	—	0.477	—
	镀锌铁丝（综合）	kg	2.000	—	3.090	—
	木板	m³	0.006	—	0.022	—
	水泥 P.O 42.5	kg	31.059	—	41.412	—
	砂子（中砂）	m³	0.055	—	0.069	—
	碎石（综合）	m³	0.055	—	0.083	—
	低碳钢焊条 J422（综合）	kg	0.508	—	0.693	—
	平垫铁 Q195～Q235 1#	块	4.080	—	4.080	—
	斜垫铁 Q195～Q235 1#	块	8.160	—	8.160	—
	厚漆	kg	0.492	—	0.666	—
	破布	kg	1.058	—	1.433	—
	钙基润滑脂	kg	1.370	—	2.009	—
	汽油（综合）	kg	0.677	—	1.040	—
	煤油	kg	2.978	—	3.803	—
	机油	kg	0.448	—	1.248	—
机械	叉式起重机 5t	台班	0.068	0.007	0.136	0.014
	直流弧焊机 32kV·A	台班	0.272	0.027	0.027	0.027
	电焊条烘干箱 45×35×45（cm）	台班	0.027	0.003	0.003	0.003

2. 螺旋压榨机

工作内容:开箱点件、基础划线、场内运输、设备吊装就位、一次灌浆、精平、组装,
附件组装、清洗、检查、加油,无负荷试运转。

计量单位:台

	定 额 编 号		6-2-49	6-2-50
	项 目		螺旋压榨机(螺旋直径 mm 以内)	
			300	550
	名 称	单位	消 耗 量	
人工	合计工日	工日	6.000	7.200
	其中 普工	工日	1.500	1.800
	一般技工	工日	4.200	5.040
	高级技工	工日	0.300	0.360
材料	热轧薄钢板 δ1.0~3	kg	0.119	0.191
	镀锌铁丝 φ4.0~2.8	kg	0.784	1.177
	木板	m³	0.003	0.009
	水泥 P.O 42.5	kg	12.424	16.565
	砂子	m³	0.022	0.028
	碎石(综合)	m³	0.022	0.033
	石棉编绳(综合)	kg	0.179	0.270
	低碳钢焊条 J422（综合）	kg	0.203	0.277
	平垫铁 Q195~Q235 1#	块	4.080	4.080
	斜垫铁 Q195~Q235 1#	块	8.160	8.160
	破布	kg	0.423	0.573
	铅油(厚漆)	kg	0.197	0.267
	汽油（综合）	kg	0.271	0.416
	煤油	kg	1.191	1.521
	机油	kg	0.358	0.499
	钙基润滑脂	kg	0.548	0.804
机械	叉式起重机 5t	台班	0.040	0.080
	电动单筒慢速卷扬机 50kN	台班	0.040	0.080
	交流弧焊机 32kV·A	台班	0.160	0.160
	电焊条烘干箱 45×35×45(cm)	台班	0.016	0.016

五、刮砂机(除砂机)

1.中心传动刮砂机

工作内容:开箱点件、基础划线、场内运输、设备吊装就位、精平、组装,附件组装、清洗、检查、加油,无负荷试运转。

计量单位:台

定额编号			6-2-51	6-2-52	6-2-53	6-2-54
项 目			中心传动刮砂机(直径 m 以内)			
			3	5	7	7m 以外
名 称		单位	消 耗 量			
人工	合计工日	工日	23.500	24.800	28.700	30.000
	其中 普工	工日	5.875	6.200	7.175	7.500
	一般技工	工日	16.450	17.360	20.090	21.000
	高级技工	工日	1.175	1.240	1.435	1.500
材料	钢板(综合)	kg	12.105	12.784	14.798	15.465
	钢筋 φ10 以内	kg	24.898	26.275	30.427	31.814
	紫铜板(综合)	kg	0.095	0.106	0.117	0.127
	无缝钢管 D76×3.5	m	1.326	1.397	1.612	1.693
	镀锌铁丝 φ3.5	kg	3.182	3.363	3.889	4.070
	枕木 2000×250×200	根	0.851	0.903	1.040	1.092
	板枋材	m³	0.116	0.116	0.137	0.147
	棉纱头	kg	1.364	1.444	1.667	1.747
	低碳钢焊条 J422 (综合)	kg	4.983	5.258	6.083	6.358
	氧气	m³	2.453	2.596	3.003	3.135
	乙炔气	kg	0.814	0.869	1.001	1.045
	破布	kg	2.079	2.195	2.541	2.657
	钙基润滑脂	kg	4.223	4.457	5.161	5.396
	机油 5#~7#	kg	2.194	2.318	2.688	2.812
	煤油	kg	4.590	4.845	5.610	5.865
	汽油 (综合)	kg	0.918	0.969	1.122	1.173
	其他材料费	元	20.380	21.510	24.900	26.040
机械	汽车式起重机 8t	台班	0.640	0.670	0.780	0.820
	载重汽车 8t	台班	0.190	0.200	0.230	0.240
	直流弧焊机 32kV·A	台班	1.160	1.230	1.420	1.480
	电焊条烘干箱 45×35×45(cm)	台班	0.116	0.123	0.142	0.148

2. 往复式耙砂机

工作内容:开箱点件、基础划线、场内运输、设备吊装就位、一次灌浆、精平、组装,
附件组装、清洗、检查、加油,无负荷试运转。

计量单位:台

定 额 编 号			6-2-55	6-2-56	6-2-57
项 目			输送长(m以内)		
			3	5	5m以外
名 称		单位	消 耗 量		
人工	合计工日	工日	15.000	18.000	20.000
	其中 普工	工日	3.750	4.500	5.000
	一般技工	工日	10.500	12.600	14.000
	高级技工	工日	0.750	0.900	1.000
材料	热轧薄钢板 $\delta 0.5 \sim 0.65$	kg	0.880	0.933	0.933
	镀锌铁丝 $\phi 4.0 \sim 2.8$	kg	1.515	1.616	1.616
	水泥 P.O 42.5	kg	51.765	67.442	85.048
	砂子	m³	0.090	0.118	0.149
	碎石(综合)	m³	0.098	0.130	0.162
	木板	m³	0.011	0.011	0.011
	低碳钢焊条 J422 $\phi 4.0$	kg	0.910	0.970	1.067
	平垫铁 Q195 ~ Q235 1#	块	4.080	6.120	6.120
	斜垫铁 Q195 ~ Q235 1#	块	8.160	12.240	12.240
	氧气	m³	0.506	0.539	0.539
	乙炔气	kg	0.165	0.176	0.176
	破布	kg	1.764	1.880	1.880
	钙基润滑脂	kg	1.550	1.652	1.652
	机油	kg	2.987	3.183	3.183
	煤油	kg	4.845	5.171	5.171
	汽油 70# ~ 90#	kg	0.785	0.836	0.836
机械	汽车式起重机 8t	台班	0.380	0.400	0.400
	载重汽车 8t	台班	0.300	0.320	0.320
	直流弧焊机 32kV·A	台班	0.150	0.160	0.160
	电焊条烘干箱 45×35×45(cm)	台班	0.015	0.016	0.016

六、吸 砂 机

1.移动桥式吸砂机

工作内容:开箱点件、基础划线、场内运输、设备吊装就位、精平、组装,附件组装、清洗、

　　　　　检查、加油,无负荷试运转。　　　　　　　　　　　　　　　计量单位:台

定 额 编 号			6-2-58	6-2-59	6-2-60	6-2-61	6-2-62	6-2-63
项 目			移动桥式(池宽 m 以内)					
			3	6	8	10	12	12m 以外
名 称		单位	消 耗 量					
人工	合计工日	工日	22.000	24.000	26.000	27.000	29.000	31.000
	其中 普工	工日	5.500	6.000	6.500	6.750	7.250	7.750
	一般技工	工日	15.400	16.800	18.200	18.900	20.300	21.700
	高级技工	工日	1.100	1.200	1.300	1.350	1.450	1.550
材料	镀锌铁丝 $\phi4.0\sim2.8$	kg	2.121	2.576	3.030	3.030	3.030	3.030
	板枋材	m³	0.015	0.018	0.021	0.021	0.021	0.032
	枕木 2500×250×200	根	0.014	0.017	0.020	0.040	0.060	0.080
	低碳钢焊条 J422(综合)	kg	35.805	43.478	51.150	51.150	51.150	51.150
	钢锯条	条	3.080	3.740	4.400	4.400	4.400	4.400
	氧气	m³	8.316	10.098	11.880	13.640	16.170	16.170
	乙炔气	kg	2.772	3.366	3.960	4.546	5.390	5.390
	砂布	张	1.470	1.785	2.100	2.100	2.100	4.200
	破布	kg	2.205	2.678	3.150	3.150	3.150	3.675
	棉纱	kg	2.121	2.576	3.030	3.030	3.030	3.535
	钙基润滑脂	kg	1.428	1.734	2.040	2.040	2.040	2.550
	机油 5#~7#	kg	9.806	11.907	14.008	14.008	14.008	15.759
	煤油	kg	4.855	5.896	6.936	6.936	6.936	7.854
	汽油(综合)	kg	1.714	2.081	2.448	2.448	2.448	2.652
机械	汽车式起重机 16t	台班	0.630	0.765	0.900	1.000	1.130	1.340
	汽车式起重机 8t	台班	0.210	0.255	0.300	0.330	0.350	0.430
	载重汽车 8t	台班	0.203	0.247	0.280	0.310	0.380	0.410
	直流弧焊机 20kV·A	台班	8.350	10.135	11.923	11.923	11.923	11.923
	电焊条烘干箱 45×35×45(cm)	台班	0.084	1.014	1.192	1.192	1.192	1.192

2. 沉 砂 器

工作内容: 开箱点件、基础划线、场内运输、设备吊装就位、一次灌浆、精平、组装，
附件组装、清洗、检查、加油,无负荷试运转。   计量单位:台

定 额 编 号				6-2-64
项 目				旋流沉砂器
名 称			单位	消 耗 量
人工	合计工日		工日	19.000
	其中	普工	工日	4.750
		一般技工	工日	13.300
		高级技工	工日	0.950
材料	钢板 $\delta3 \sim 10$		kg	21.305
	热轧薄钢板 $\delta1.0 \sim 3$		kg	0.848
	木材(成材)		m³	0.011
	枕木 2000×200×200		根	0.042
	水泥 P.O 42.5		kg	51.765
	砂子(中砂)		m³	0.092
	碎石(综合)		m³	0.101
	镀锌铁丝 $\phi4.0 \sim 2.8$		kg	2.020
	平垫铁 Q195 ~ Q235 1#		块	4.080
	斜垫铁 Q195 ~ Q235 1#		块	8.160
	低碳钢焊条 J422(综合)		kg	2.860
	氧气		m³	1.507
	乙炔气		kg	0.506
	破布		kg	1.785
	棉纱线		kg	1.717
	钙基润滑脂		kg	2.856
	机油 5# ~ 7#		kg	1.442
	煤油		kg	4.590
机械	汽车式起重机 8t		台班	0.817
	载重汽车 5t		台班	0.239
	直流弧焊机 20kV·A		台班	0.566
	电焊条烘干箱 45×35×45(cm)		台班	0.057

3. 提 砂 系 统

工作内容: 开箱检点、基础划线、场内运输、安装就位、组件安装、加油、试运转。　　　　　　　**计量单位:** 套

定 额 编 号				6-2-65	6-2-66
项 目				泵提砂系统	气提砂系统
名 称			单位	消 耗 量	
人工	合计工日		工日	9.000	8.000
	其中	普工	工日	2.250	2.000
		一般技工	工日	6.300	5.600
		高级技工	工日	0.450	0.400
材料	热轧薄钢板 $\delta 1.0 \sim 3$		kg	0.201	0.201
	木板		m³	0.008	0.008
	低碳钢焊条 J422（综合）		kg	0.266	0.880
	镀锌铁丝（综合）		kg	0.808	—
	油浸石棉盘根 $\phi 6 \sim 10$		kg	0.343	—
	氧气		m³	0.235	0.235
	乙炔气		kg	0.078	0.078
	破布		kg	0.320	0.320
	棉纱头		kg	0.300	0.300
	钙基润滑脂		kg	0.515	0.515
	铅油（厚漆）		kg	0.205	0.248
	机油 5# ~ 7#		kg	1.509	1.509
	汽油（综合）		kg	0.312	0.312
	煤油		kg	1.607	1.607
	其他材料费		%	1.000	1.000
机械	叉式起重机 5t		台班	0.170	0.170
	交流弧焊机 21kV·A		台班	0.085	0.085
	电焊条烘干箱 45×35×45(cm)		台班	0.009	0.009

七、刮 泥 机

1. 链条牵引式刮泥机

工作内容: 开箱点件,基础划线,场内运输,设备吊装就位,精平、组装,附件组装、清洗、检查、加油,无负荷试运转。

计量单位:台

定额编号			6-2-67	6-2-68	6-2-69	6-2-70	6-2-71	6-2-72
项 目			单链(m以内)			双链(m以内)		
			6	10	10m以外	6	10	10m以外
名 称		单位	消 耗 量					
人工	合计工日	工日	59.194	69.505	81.833	77.206	90.581	106.203
	其中 普工	工日	14.798	17.377	20.458	19.302	22.645	26.551
	一般技工	工日	41.436	48.653	57.283	54.044	63.407	74.342
	高级技工	工日	2.960	3.475	4.092	3.860	4.529	5.310
材料	钢板 δ3~10	kg	1.000	1.000	1.000	1.400	1.400	1.400
	镀锌铁丝 φ3.5	kg	1.961	2.451	2.942	1.961	2.451	2.942
	板枋材	m³	0.020	0.020	0.020	0.030	0.030	0.030
	枕木 2500×250×200	根	0.250	0.300	0.350	0.250	0.300	0.350
	低碳钢焊条 J422(综合)	kg	4.680	4.680	4.680	5.030	5.030	5.030
	氧气	m³	0.530	0.530	0.530	0.530	0.530	0.530
	乙炔气	kg	0.177	0.177	0.177	0.177	0.177	0.177
	破布	kg	0.728	0.832	0.863	1.040	1.144	1.248
	棉纱	kg	2.000	2.200	2.500	3.000	3.300	3.500
	钙基润滑脂	kg	2.623	2.914	3.206	3.400	3.497	3.691
	机油 5#~7#	kg	3.160	3.660	4.160	4.700	4.700	5.200
	煤油	kg	1.208	1.426	1.644	2.080	2.080	2.278
	汽油 70#~90#	kg	0.990	0.990	0.990	0.990	0.990	0.990
	其他材料费	%	4.000	4.000	4.000	4.000	4.000	4.000
机械	汽车式起重机 8t	台班	0.628	0.734	0.938	0.858	0.947	0.274
	汽车式起重机 12t	台班	—	—	—	—	—	0.734
	载重汽车 8t	台班	0.188	0.206	0.233	0.251	0.179	0.269
	直流弧焊机 32kV·A	台班	0.944	0.944	0.944	1.015	1.015	1.015
	电焊条烘干箱 45×35×45(cm)	台班	0.094	0.094	0.094	0.102	0.102	0.102

2.悬挂式中心传动刮泥机

工作内容:开箱点件,基础划线,场内运输,枕木堆搭设,主梁组对,主梁吊装就位,精平组装,附件组装、清洗、检查、加油,无负荷试运转。　　　　　　　　　　计量单位:台

定额编号			6-2-73	6-2-74	6-2-75	6-2-76	6-2-77	6-2-78
项　目			池径(m 以内)					
			6	8	10	12	14	14m 以外
名　称		单位	消　耗　量					
人工	合计工日	工日	33.652	39.069	44.977	56.944	69.012	83.416
	其中 普工	工日	8.412	9.767	11.244	14.236	17.252	20.853
	一般技工	工日	23.557	27.349	31.484	39.861	48.309	58.392
	高级技工	工日	1.683	1.953	2.249	2.847	3.451	4.171
材料	钢板 δ3～10	kg	11.790	11.790	12.430	12.430	12.430	12.430
	热轧薄钢板 δ1.0～3	kg	0.900	0.900	1.000	1.000	1.400	1.400
	钢筋 φ10 以内	kg	26.598	26.598	26.598	26.598	26.598	26.598
	无缝钢管 D76	m	1.440	1.440	1.440	1.440	1.440	1.440
	镀锌铁丝 φ3.5	kg	3.432	3.432	3.432	3.432	3.432	3.432
	紫铜板(综合)	kg	0.100	0.100	0.100	0.100	0.100	0.100
	板枋材	m³	0.120	0.120	0.160	0.185	0.210	0.210
	枕木 2500×250×200	根	0.900	0.900	1.100	1.100	1.100	1.100
	棉纱	kg	1.500	1.800	2.000	3.500	4.000	4.500
	低碳钢焊条 J422(综合)	kg	5.030	5.030	5.030	5.030	5.030	5.030
	氧气	m³	2.480	2.480	2.480	2.480	2.480	2.480
	乙炔气	kg	0.827	0.827	0.827	0.827	0.827	0.827
	破布	kg	2.287	2.599	3.119	3.639	3.950	4.470
	钙基润滑脂	kg	4.469	4.469	4.469	4.469	4.469	4.469
	机油 5#～7#	kg	2.370	2.370	2.500	2.700	2.900	3.100
	煤油	kg	4.951	4.951	4.951	4.951	4.951	4.951
	汽油 70#～90#	kg	0.990	0.990	0.990	0.990	0.990	0.990
	其他材料费	%	4.000	4.000	4.000	4.000	4.000	4.000
机械	汽车式起重机 8t	台班	0.628	0.203	0.230	0.257	0.274	0.301
	汽车式起重机 12t	台班	—	0.531	—	—	—	—
	汽车式起重机 30t	台班	—	—	0.646	0.734	0.849	—
	汽车式起重机 40t	台班	—	—	—	—	—	0.947
	载重汽车 8t	台班	0.188	0.206	0.224	0.251	0.269	0.296
	直流弧焊机 32kV·A	台班	1.015	1.015	—	1.015	1.015	1.015
	电焊条烘干箱 45×35×45(cm)	台班	0.102	0.102	—	0.102	0.102	0.102

3. 垂架式中心传动刮泥机

工作内容:开箱点件,基础划线,场内运输,枕木堆搭设,脚手架搭设,设备组装,
附件组装、清洗、检查、加油,无负荷试运转。　　　　　　　　计量单位:台

定 额 编 号			6-2-79	6-2-80	6-2-81
项　　目			池径(m 以内)		
			22	30	40
名　　称		单位	消　耗　量		
人工	合计工日	工日	152.387	178.016	184.906
	其中 普工	工日	38.097	44.504	46.226
	一般技工	工日	106.671	124.611	129.435
	高级技工	工日	7.619	8.901	9.245
材料	热轧薄钢板 δ1.0~3	kg	3.000	4.000	4.000
	钢板 δ3~10	kg	33.040	33.940	33.940
	镀锌铁丝 φ3.5	kg	3.236	3.236	3.236
	紫铜板(综合)	kg	0.120	0.150	0.150
	无缝钢管 DN50	m	4.150	4.150	4.150
	板枋材	m³	0.315	0.335	0.350
	枕木 2500×250×200	根	2.450	2.450	2.450
	棉纱	kg	3.500	4.000	8.000
	低碳钢焊条 J422(综合)	kg	25.440	27.790	30.000
	氧气	m³	2.430	2.500	2.620
	乙炔气	kg	0.810	0.833	0.873
	破布	kg	4.678	6.238	6.238
	钙基润滑脂	kg	15.271	15.271	15.271
	机油 5#~7#	kg	2.500	3.000	3.500
	煤油	kg	7.922	9.903	11.883
	汽油 70#~90#	kg	4.951	4.951	4.951
	其他材料费	%	4.000	4.000	4.000
机械	汽车式起重机 8t	台班	4.379	5.370	7.112
	汽车式起重机 16t	台班	1.575	1.999	2.265
	汽车式起重机 40t	台班	1.150	1.150	1.150
	载重汽车 10t	台班	0.538	0.690	0.708
	直流弧焊机 32kV·A	台班	5.131	5.606	6.051
	电焊条烘干箱 45×35×45(cm)	台班	0.513	0.561	0.605

4. 澄清池机械搅拌刮泥机

工作内容: 开箱点件,基础划线,场内运输,设备吊装,精平组装,附件组装、清洗、检查、加油,无负荷试运转。

计量单位:台

定　额　编　号			6-2-82	6-2-83	6-2-84	6-2-85
项　　目			池径(m 以内)			
			8	12	15	15m 以外
名　　称		单位	消　耗　量			
人工	合计工日	工日	33.721	47.667	61.701	68.330
	其中 普工	工日	8.430	11.917	15.426	17.083
	一般技工	工日	23.605	33.367	43.190	47.831
	高级技工	工日	1.686	2.383	3.085	3.416
材料	热轧薄钢板 δ1.0~3	kg	1.000	1.000	1.000	1.000
	钢板 δ3~10	kg	8.800	10.400	12.200	13.600
	镀锌铁丝 φ3.5	kg	2.942	2.942	3.432	3.432
	板枋材	m³	0.020	0.030	0.040	0.050
	枕木 2000×250×200	根	0.400	0.600	0.800	0.900
	紫铜板(综合)	kg	0.100	0.100	0.100	0.100
	棉纱	kg	2.000	2.500	3.000	3.500
	低碳钢焊条 J422(综合)	kg	2.400	2.400	2.400	2.400
	氧气	m³	0.900	0.900	0.900	0.900
	乙炔气	kg	0.300	0.300	0.300	0.300
	破布	kg	2.079	2.599	3.119	3.639
	钙基润滑脂	kg	2.429	2.429	2.429	2.429
	机油 5#~7#	kg	2.000	2.200	2.400	2.500
	煤油	kg	3.961	3.961	3.961	3.961
	其他材料费	%	4.000	4.000	4.000	4.000
机械	汽车式起重机 8t	台班	0.407	0.672	0.195	0.203
	汽车式起重机 12t	台班	—	—	0.548	—
	汽车式起重机 16t	台班	—	—	—	0.646
	载重汽车 8t	台班	0.116	0.170	0.188	0.206
	直流弧焊机 32kV·A	台班	0.484	0.484	0.484	0.484
	电焊条烘干箱 45×35×45(cm)	台班	0.048	0.048	0.048	0.048

5. 桁车式刮泥机

工作内容： 开箱点件，基础划线，场内运输，设备吊装，精平组装，附件组装、清洗、检查、加油，无负荷试运转。

计量单位：台

定 额 编 号			6-2-86	6-2-87	6-2-88	6-2-89
项 目			跨度(m 以内)			
			10	15	20	20m 以外
名 称		单位	消 耗 量			
人工	合计工日	工日	40.500	44.000	48.000	62.000
	其中 普工	工日	10.125	11.000	12.000	15.500
	一般技工	工日	28.350	30.800	33.600	43.400
	高级技工	工日	2.025	2.200	2.400	3.100
材料	铁丝(综合)	kg	3.030	3.030	3.535	3.535
	木材(成材)	m³	0.021	0.032	0.042	0.042
	枕木 2000×250×200	根	0.042	0.084	0.126	0.126
	棉纱线	kg	3.030	3.535	3.535	3.535
	砂布	张	2.100	4.200	4.200	4.200
	钢锯条	条	4.400	4.400	4.400	4.400
	低碳钢焊条 J422(综合)	kg	51.150	51.150	57.640	57.640
	氧气	m³	13.640	16.170	18.040	18.040
	乙炔气	kg	4.546	5.390	6.014	6.014
	破布	kg	3.150	3.675	3.675	3.675
	钙基润滑脂	kg	2.040	2.550	2.550	2.550
	机油	kg	14.008	15.759	16.274	16.274
	煤油	kg	6.936	7.854	8.160	8.160
	汽油(综合)	kg	2.448	2.652	2.652	2.652
	其他材料费	%	2.000	2.000	2.000	2.000
机械	汽车式起重机 8t	台班	0.281	0.366	0.451	0.476
	汽车式起重机 16t	台班	0.850	1.139	1.513	1.513
	载重汽车 8t	台班	0.264	0.349	0.434	0.459
	直流弧焊机 20kV·A	台班	10.135	10.135	11.421	11.421
	电焊条烘干箱 45×35×45(cm)	台班	1.014	1.014	1.142	1.142

八、吸　泥　机

1.桁车式吸泥机

工作内容:开箱点件,场内运输,枕木堆搭设,主梁组对、吊装,组件安装,无负荷试运转。　**计量单位:**台

定额编号			6-2-90	6-2-91	6-2-92	6-2-93
项　目			跨度(m 以内)			
			8	10	12	14
名　称		单位	消耗量			
人工	合计工日	工日	65.834	76.882	87.460	104.037
	其中 普工	工日	16.458	19.221	21.865	26.009
	其中 一般技工	工日	46.084	53.817	61.222	72.826
	其中 高级技工	工日	3.292	3.844	4.373	5.202
材料	镀锌铁丝 φ3.5	kg	2.942	2.942	2.942	2.942
	枕木 2500×250×200	根	0.020	0.040	0.060	0.080
	板枋材	m³	0.020	0.020	0.020	0.030
	低碳钢焊条 J422(综合)	kg	46.500	46.500	46.500	46.500
	氧气	m³	10.800	12.400	14.700	14.700
	乙炔气	kg	3.600	4.133	4.900	4.900
	钢锯条	条	4.190	4.190	4.190	4.190
	砂布	张	2.000	2.000	2.000	4.000
	破布	kg	3.119	3.119	3.119	3.639
	棉纱	kg	3.000	3.000	3.000	3.500
	钙基润滑脂	kg	1.943	1.943	1.943	2.429
	机油 5#~7#	kg	13.600	13.600	13.600	15.300
	煤油	kg	6.734	6.734	6.734	7.625
	汽油 70#~90#	kg	2.377	2.377	2.377	2.575
	其他材料费	%	4.000	4.000	4.000	4.000
机械	汽车式起重机 8t	台班	0.265	0.292	0.310	0.380
	汽车式起重机 16t	台班	0.796	0.885	—	—
	汽车式起重机 30t	台班	—	—	1.000	1.185
	载重汽车 8t	台班	0.260	0.278	0.305	0.367
	直流弧焊机 20kV·A	台班	9.379	9.379	9.379	9.379
	电焊条烘干箱 45×35×45(cm)	台班	0.938	0.938	0.938	0.938

工作内容:开箱点件,基础划线,场内运输,设备吊装,精平组装,附件组装、清洗、检查、加油,无负荷试运转。

计量单位:台

定 额 编 号			6-2-94	6-2-95	6-2-96
项　　　目			跨度(m 以内)		
			16	18	20
名　　　称		单位	消 耗 量		
人工	合计工日	工日	118.717	132.262	145.043
	其中 普工	工日	29.679	33.066	36.261
	一般技工	工日	83.102	92.583	101.530
	高级技工	工日	5.936	6.613	7.252
材料	镀锌铁丝 $\phi 3.5$	kg	3.432	3.432	3.432
	板枋材	m³	0.030	0.040	0.040
	枕木 2500×250×200	根	0.100	0.120	0.150
	棉纱	kg	3.500	3.500	3.500
	低碳钢焊条 J422(综合)	kg	52.400	52.400	52.400
	氧气	m³	14.700	16.400	16.400
	乙炔气	kg	4.900	5.467	5.467
	钢锯条	条	4.190	4.190	4.190
	砂布	张	4.000	4.000	4.000
	破布	kg	3.639	3.639	3.639
	钙基润滑脂	kg	2.429	2.429	2.429
	机油 5#~7#	kg	15.300	15.800	17.000
	煤油	kg	7.625	7.922	8.517
	汽油 70#~90#	kg	2.575	2.575	2.575
	其他材料费	%	4.000	4.000	4.000
机械	汽车式起重机 8t	台班	0.407	0.469	—
	汽车式起重机 12t	台班	—	—	0.495
	汽车式起重机 30t	台班	1.424	—	—
	汽车式起重机 40t	台班	—	1.575	1.637
	载重汽车 8t	台班	0.394	0.457	0.484
	直流弧焊机 20kV·A	台班	10.570	10.570	10.570
	电焊条烘干箱 45×35×45(cm)	台班	1.057	1.057	1.057

2. 钟罩吸泥机

工作内容: 开箱点件,基础划线,场内运输,设备吊装,精平组装,附件组装、清洗、检查、
加油,无负荷试运转。

计量单位:台

定 额 编 号			6-2-97	6-2-98	6-2-99	6-2-100	6-2-101	6-2-102
项　　目			跨度(m 以内)					
			2	4	6	8	9	9m 以外
名　　称		单位	消 耗 量					
人工	合计工日	工日	34.154	56.554	68.501	82.173	90.604	98.559
	其中 普工	工日	8.538	14.138	17.126	20.543	22.651	24.640
	一般技工	工日	23.908	39.588	47.950	57.521	63.423	68.991
	高级技工	工日	1.708	2.828	3.425	4.109	4.530	4.928
材料	板枋材	m³	0.020	0.020	0.020	0.020	0.020	0.020
	枕木 2000×250×200	根	0.010	0.010	0.010	0.010	0.010	0.010
	棉纱	kg	3.500	3.500	4.000	5.000	5.000	6.000
	低碳钢焊条 J422(综合)	kg	27.780	34.720	39.860	48.790	48.790	48.790
	氧气	m³	12.890	16.120	16.120	16.110	16.110	16.110
	乙炔气	kg	4.297	5.373	5.373	5.370	5.370	5.370
	钢锯条	条	4.190	4.190	4.190	4.190	4.190	4.190
	破布	kg	3.639	3.639	4.158	5.198	5.198	6.238
	钙基润滑脂	kg	2.040	2.429	2.623	2.817	2.817	3.011
	机油 5#~7#	kg	15.360	15.360	16.140	16.140	16.140	16.140
	煤油	kg	7.843	8.051	8.289	8.903	8.903	9.546
	汽油 70#~90#	kg	3.743	4.179	4.694	4.902	4.902	5.070
	其他材料费	%	4.000	4.000	4.000	4.000	4.000	4.000
机械	汽车式起重机 8t	台班	0.425	0.699	0.230	0.265	0.301	0.301
	汽车式起重机 12t	台班	—	—	0.610	—	—	—
	汽车式起重机 16t	台班	—	—	—	0.796	0.964	—
	汽车式起重机 30t	台班	—	—	—	—	—	0.964
	载重汽车 8t	台班	0.116	0.206	0.224	0.260	0.296	0.296
	直流弧焊机 32kV·A	台班	5.603	7.004	8.041	9.841	9.841	9.841
	电焊条烘干箱 45×35×45(cm)	台班	0.560	0.700	0.804	0.984	0.984	0.984

3.中心传动单管式吸泥机

工作内容:开箱点件,基础划线,场内运输,枕木堆搭设,脚手架搭设,设备组装,附件

组装、清洗、检查、加油,无负荷试运转。

计量单位:台

定额编号			6-2-103	6-2-104	6-2-105	6-2-106	6-2-107
项　目			池径(m以内)				
			25	30	35	40	50
名　称		单位	消　耗　量				
人工	合计工日	工日	72.000	82.800	95.220	109.500	125.930
	其中 普工	工日	18.000	20.700	23.805	27.375	31.482
	一般技工	工日	50.400	57.960	66.654	76.650	88.151
	高级技工	工日	3.600	4.140	4.761	5.475	6.297
材料	热轧薄钢板 $\delta1.0\sim3$	kg	43.090	43.090	43.090	43.090	43.090
	钢板 $\delta3\sim10$	kg	4.095	4.095	4.095	4.095	4.095
	铁丝 $\phi4.0\sim2.8$	kg	4.333	4.767	5.252	5.757	6.363
	紫铜板(综合)	kg	0.165	0.207	0.233	0.254	0.286
	无缝钢管 $DN50$	m	5.503	5.503	6.324	6.324	6.936
	木材(成材)	m³	0.471	0.505	0.578	0.630	0.693
	枕木 2500×250×200	根	3.413	3.413	3.917	3.917	4.305
	棉纱线	kg	7.878	7.878	9.060	9.060	10.504
	低碳钢焊条 J422(综合)	kg	34.506	57.729	66.385	79.992	103.983
	氧气	m³	13.270	16.559	19.041	31.856	41.415
	乙炔气	m³	4.423	5.520	6.347	10.618	13.794
	铬不锈钢电焊条	kg	0.458	0.510	0.550	0.611	0.686
	破布	kg	6.143	8.190	9.419	10.364	8.190
	钙基润滑脂	kg	20.845	22.950	23.970	26.520	29.070
	机油	kg	3.348	4.017	4.620	5.099	5.614
	煤油	kg	10.608	13.260	15.249	16.779	18.462
	汽油(综合)	kg	6.630	7.293	7.619	8.384	9.231
	其他材料费	%	3.000	3.000	3.000	3.000	3.000
机械	汽车式起重机 8t	台班	6.749	8.271	9.098	10.200	13.260
	汽车式起重机 16t	台班	1.870	2.431	2.674	2.329	3.028
	汽车式起重机 40t	台班	1.437	1.105	1.105	1.105	1.105
	载重汽车 10t	台班	1.105	0.818	0.988	0.723	0.940
	直流弧焊机 32kV·A	台班	5.259	8.798	9.678	15.849	20.604
	电焊条烘干箱 45×35×45(cm)	台班	0.526	0.880	0.968	1.585	2.060

九、刮 吸 泥 机

1. 周边传动刮吸泥机

工作内容: 开箱点件,基础划线,场内运输,设备吊装,精平组装,附件组装、清洗、检查、加油,无负荷试运转。

计量单位:台

定额编号				6-2-108	6-2-109	6-2-110	6-2-111	6-2-112	6-2-113
项 目				池径(m 以内)					
				15	20	25	30	40	50
名 称			单位	消 耗 量					
人工	合计工日		工日	82.400	103.000	125.000	150.300	165.600	213.300
	其中	普工	工日	20.600	25.750	31.250	37.575	41.400	53.325
		一般技工	工日	57.680	72.100	87.500	105.210	115.920	149.310
		高级技工	工日	4.120	5.150	6.250	7.515	8.280	10.665
材料	热轧薄钢板 δ1.0~3		kg	2.668	3.335	6.642	6.642	13.904	15.555
	钢板 δ3~10		kg	31.624	39.530	44.417	44.417	57.740	59.196
	紫铜板 δ0.05~0.3		kg	8.819	11.024	11.024	11.024	11.024	11.024
	木材(成材)		m³	0.011	0.014	0.055	0.055	0.109	0.162
	枕木 2500×250×200		根	0.011	0.014	0.014	0.014	0.055	0.116
	棉纱线		kg	3.151	3.939	4.596	4.596	5.909	5.909
	钢锯条		条	4.576	5.720	5.720	5.720	5.720	9.724
	低碳钢焊条 J422(综合)		kg	43.037	53.797	60.503	60.503	77.978	81.360
	氧气		m³	16.954	21.193	23.924	23.924	35.593	40.816
	乙炔气		kg	5.651	7.064	7.975	7.975	11.865	13.605
	破布		kg	3.276	4.095	4.778	4.778	6.143	6.143
	六角螺栓 M30 以外		套	3.182	3.978	6.630	6.630	13.260	16.005
	钙基润滑脂		kg	11.064	13.830	13.830	13.830	13.830	13.830
	机油 5#~7#		kg	5.356	6.695	6.695	6.695	6.695	6.695
	煤油		kg	8.402	10.502	11.881	11.881	15.276	15.915
	汽油(综合)		kg	4.010	5.012	6.590	6.590	7.916	8.002
	其他材料费		%	2.000	2.000	2.000	2.000	2.000	2.000
机械	汽车式起重机 8t		台班	5.426	6.783	8.279	7.608	10.251	11.524
	汽车式起重机 16t		台班	1.408	1.760	2.100	2.329	2.550	3.057
	汽车式起重机 40t		台班	0.880	1.105	1.105	1.105	1.105	1.105
	载重汽车 10t		台班	0.587	0.587	0.646	0.706	0.748	1.033
	直流弧焊机 32kV·A		台班	8.199	8.199	9.220	10.226	11.885	13.788
	电焊条烘干箱 45×35×45(cm)		台班	0.820	0.820	0.922	1.023	1.189	1.379

十、撇 渣 机

1. 桁车式提板刮泥撇渣机

工作内容:开箱点件,场内运输,枕木堆搭设,主梁组对、吊装,组件安装,无负荷试运转。**计量单位:**台

定 额 编 号			6-2-114	6-2-115	6-2-116	6-2-117	6-2-118	6-2-119
项 目			池宽(m 以内)					
			8	10	12	14	16	20
名 称		单位	消 耗 量					
人工	合计工日	工日	110.152	121.506	124.654	129.360	134.365	163.662
	其中 普工	工日	27.538	30.377	31.163	32.340	33.592	40.916
	一般技工	工日	77.106	85.054	87.258	90.552	94.055	114.563
	高级技工	工日	5.508	6.075	6.233	6.468	6.718	8.183
材料	镀锌铁丝 $\phi 3.5$	kg	1.961	1.961	2.451	2.451	2.942	2.942
	板枋材	m^3	0.010	0.010	0.020	0.030	0.040	0.050
	枕木 $2500 \times 250 \times 200$	根	0.020	0.030	0.040	0.050	0.080	0.100
	棉纱	kg	2.500	2.800	3.000	3.000	3.000	3.000
	低碳钢焊条 J422(综合)	kg	1.600	1.600	1.800	1.800	2.000	2.000
	氧气	m^3	0.600	0.600	0.800	0.800	1.000	1.000
	乙炔气	kg	0.200	0.200	0.267	0.267	0.333	0.333
	钢锯条	条	4.190	4.190	4.190	4.190	4.190	4.190
	破布	kg	2.599	2.911	3.119	3.119	3.119	3.119
	钙基润滑脂	kg	1.943	1.943	2.137	2.331	2.429	2.429
	机油 $5^{\#} \sim 7^{\#}$	kg	4.800	5.800	7.500	8.800	9.600	11.600
	煤油	kg	2.377	2.872	3.466	4.456	4.753	6.239
	汽油 $70^{\#} \sim 90^{\#}$	kg	0.990	0.990	1.188	1.386	1.485	1.981
	其他材料费	%	3.000	3.000	3.000	3.000	3.000	3.000
机械	汽车式起重机 8t	台班	0.301	0.310	0.336	0.389	0.460	0.495
	汽车式起重机 16t	台班	0.947	—	—	—	—	—
	汽车式起重机 30t	台班	—	1.035	1.097	1.274	1.486	1.637
	载重汽车 8t	台班	0.296	0.305	0.323	0.385	0.448	0.484
	直流弧焊机 32kV·A	台班	0.323	0.323	0.363	0.363	0.404	0.404
	电焊条烘干箱 $45 \times 35 \times 45$(cm)	台班	0.032	0.032	0.036	0.036	0.040	0.040

2. 链板式刮泥、刮砂、撇渣机

工作内容:开箱点件,场内运输,枕木堆搭设,主梁组对、吊装,组件安装,无负荷试运转。 **计量单位**:台

定 额 编 号			6-2-120	6-2-121	6-2-122	6-2-123	6-2-124	6-2-125
项 目			池宽(m 以内)					
			3		5		8	
			基本池长(m 以内)					
			20	每增减 5	20	每增减 5	20	每增减 5
名 称		单位	消 耗 量					
人工	合计工日	工日	57.200	5.720	67.100	6.710	78.710	7.871
	其中 普工	工日	14.300	1.430	16.775	1.677	19.677	1.967
	一般技工	工日	40.040	4.004	46.970	4.697	55.097	5.510
	高级技工	工日	2.860	0.286	3.355	0.336	3.936	0.394
材料	钢板 δ3~10	kg	1.484	—	1.484	—	1.484	—
	镀锌铁丝 φ2.5~1.4	kg	2.020	—	2.525	—	3.030	—
	木材(成材)	m³	0.032	—	0.032	—	0.032	—
	枕木 2500×250×200	根	0.263	—	0.315	—	0.368	—
	棉纱头	kg	3.030	—	3.333	—	3.636	—
	低碳钢焊条 J422(综合)	kg	5.533	—	5.533	—	6.086	—
	氧气	m³	0.583	—	0.583	—	0.583	—
	乙炔气	kg	0.195	—	0.195	—	0.195	—
	破布	kg	1.050	—	1.155	—	1.323	—
	钙基润滑脂	kg	3.570	—	3.672	—	3.774	—
	机油 5#~7#	kg	4.841	—	4.841	—	4.986	—
	煤油	kg	2.142	—	2.142	—	2.142	—
	汽油(综合)	kg	1.020	—	1.020	—	1.020	—
机械	汽车式起重机 8t	台班	0.660	0.099	0.728	0.109	0.764	0.115
	载重汽车 8t	台班	0.190	0.029	0.136	0.020	0.143	0.021
	直流弧焊机 32kV·A	台班	0.878	0.132	0.878	0.132	0.921	0.138
	电焊条烘干箱 45×35×45(cm)	台班	0.088	0.013	0.088	0.013	0.092	0.014

十一、砂(泥)水分离器

工作内容:开箱检点、基础划线、场内运输、一次灌浆,安装就位、打平找正、加油、
试运转。

计量单位:台

定 额 编 号				6-2-126
项 目				螺旋式砂水分离器
名 称			单位	消 耗 量
人工	合计工日		工日	8.700
	其中	普工	工日	2.175
		一般技工	工日	6.090
		高级技工	工日	0.435
材料	热轧薄钢板 $\delta1.6\sim1.9$		kg	0.011
	镀锌铁丝 $\phi4.0\sim2.8$		kg	0.242
	水泥 P.O 42.5		kg	83.375
	砂子(粗砂)		m³	0.146
	碎石(综合)		m³	0.159
	棉纱头		kg	0.418
	低碳钢焊条 J422 $\phi4.0$		kg	0.400
	平垫铁 Q195~Q235 1#		块	4.080
	斜垫铁 Q195~Q235 1#		块	8.160
	氧气		m³	0.266
	乙炔气		kg	0.224
	厚漆		kg	3.060
	破布		kg	0.211
	钙基润滑脂		kg	0.400
	机油		kg	0.707
	汽油(综合)		kg	1.298
	煤油		kg	1.124
机械	叉式起重机 5t		台班	0.255
	直流弧焊机 20kV·A		台班	0.170
	电焊条烘干箱 45×35×45(cm)		台班	0.017

十二、曝 气 机

1. 立式表面曝气机

工作内容:开箱点件、基础划线、场内运输、设备吊装就位、一次灌浆、精平、组装,
附件组装、清洗、检查、加油,无负荷试运转。

计量单位:台

定额编号				6-2-127	6-2-128	6-2-129
项 目				立式表面曝气机(叶轮直径 m 以内)		
				1	1.5	2
名 称			单位	消 耗 量		
人工	合计工日		工日	23.630	26.500	28.590
	其中	普工	工日	4.725	5.300	5.717
		一般技工	工日	17.723	19.875	21.443
		高级技工	工日	1.182	1.325	1.430
材料	镀锌铁丝 φ2.5~1.4		kg	1.478	1.478	1.478
	紫铜板 δ0.05~0.3		kg	0.104	0.104	0.104
	木材(成材)		m³	0.011	0.011	0.011
	枕木 2500×250×200		根	0.011	0.011	0.011
	水泥 P.O 42.5		kg	17.550	17.550	17.550
	砂子(中砂)		m³	0.026	0.026	0.026
	碎石 10		m³	0.045	0.045	0.045
	棉纱头		kg	0.985	0.985	0.985
	低碳钢焊条 J422(综合)		kg	0.537	0.537	0.537
	平垫铁 Q195~Q235 1#		块	4.080	4.080	4.080
	斜垫铁 Q195~Q235 1#		块	8.160	8.160	8.160
	破布		kg	1.024	1.024	1.024
	钙基润滑脂		kg	0.995	0.995	0.995
	机油 5#~7#		kg	2.209	2.209	2.209
	煤油		kg	1.094	1.094	1.094
	汽油(综合)		kg	0.597	0.597	0.597
机械	汽车式起重机 8t		台班	0.272	0.299	0.329
	载重汽车 8t		台班	0.062	0.068	0.075
	直流弧焊机 32kV·A		台班	0.087	0.096	0.106
	电焊条烘干箱 45×35×45(cm)		台班	0.009	0.010	0.011

2. 倒伞形叶轮曝气机

工作内容: 开箱点件、基础划线、场内运输、设备吊装就位、一次灌浆、精平、组装,附件
组装、清洗、检查、加油,无负荷试运转。　　　　　　　　　　计量单位:台

定额编号			6-2-130	6-2-131	6-2-132	6-2-133	6-2-134
项 目			到伞形叶轮曝气机(直径 m 以内)				
			1	1.65	2.55	3.25	3.25m 以外
名 称		单位	消 耗 量				
人工	合计工日	工日	23.630	25.990	27.270	31.100	35.770
	其中 普工	工日	4.725	5.197	5.453	6.220	7.153
	一般技工	工日	17.723	19.493	20.453	23.325	26.828
	高级技工	工日	1.182	1.300	1.364	1.555	1.789
材料	镀锌铁丝 φ2.5~1.4	kg	1.478	1.478	1.478	1.515	1.515
	紫铜板 δ0.05~0.3	kg	0.104	0.104	0.104	0.159	0.159
	木材(成材)	m³	0.011	0.011	0.011	0.011	0.011
	枕木 2500×250×200	根	0.011	0.011	0.011	0.021	0.021
	水泥 P.O 42.5	kg	17.550	17.550	17.550	26.000	26.000
	砂子(中砂)	m³	0.026	0.026	0.026	0.041	0.041
	碎石 10	m³	0.045	0.045	0.045	0.061	0.061
	棉纱头	kg	0.985	0.985	0.985	1.212	1.212
	低碳钢焊条 J422(综合)	kg	0.537	0.537	0.537	0.550	0.550
	平垫铁 Q195~Q235 1#	块	4.080	4.080	4.080	4.080	4.080
	斜垫铁 Q195~Q235 1#	块	8.160	8.160	8.160	8.160	8.160
	破布	kg	1.024	1.024	1.024	1.260	1.260
	钙基润滑脂	kg	0.995	0.995	0.995	1.020	1.020
	机油 5#~7#	kg	2.209	2.209	2.209	2.575	2.575
	煤油	kg	1.094	1.094	1.094	1.224	1.224
	汽油(综合)	kg	0.597	0.597	0.597	0.816	0.816
机械	汽车式起重机 8t	台班	0.272	0.299	0.299	0.417	0.480
	载重汽车 8t	台班	0.062	0.068	0.068	0.128	0.147
	直流弧焊机 32kV·A	台班	0.087	0.096	0.096	0.109	0.125
	电焊条烘干箱 45×35×45(cm)	台班	0.009	0.010	0.010	0.011	0.013

3. 转刷曝气机

工作内容:开箱点件、基础划线、场内运输、设备吊装就位、一次灌浆、精平、组装,
附件组装、清洗、检查、加油,无负荷试运转。   计量单位:台

	定 额 编 号		6-2-135	6-2-136	6-2-137
	项 目		转刷曝气机(长度 m 以内)		
			4.5	6	9
			转刷直径(m)		
			1		
	名 称	单位	消 耗 量		
人 工	合计工日	工日	19.390	22.320	25.880
	其中 普工	工日	3.877	4.464	5.176
	一般技工	工日	14.543	16.740	19.410
	高级技工	工日	0.970	1.116	1.294
材 料	镀锌铁丝 ϕ2.5~1.4	kg	1.515	1.515	2.020
	紫铜板 δ0.05~0.3	kg	0.106	0.212	0.318
	木材(成材)	m³	0.011	0.011	0.011
	枕木 2500×250×200	根	0.011	0.021	0.032
	水泥 P.O 42.5	kg	22.000	30.000	36.000
	砂子(中砂)	m³	0.031	0.051	0.066
	碎石 10	m³	0.046	0.077	0.092
	低碳钢焊条 J422(综合)	kg	0.550	0.550	0.660
	平垫铁 Q195~Q235 1#	块	4.080	4.080	4.080
	斜垫铁 Q195~Q235 1#	块	8.160	8.160	8.160
	破布	kg	1.260	1.575	1.575
	棉纱头	kg	1.212	1.515	1.515
	钙基润滑脂	kg	1.020	1.020	1.020
	机油 5#~7#	kg	3.502	4.120	4.120
	煤油	kg	1.734	2.040	2.040
	汽油(综合)	kg	1.020	1.020	1.020
机 械	汽车式起重机 8t	台班	0.366	0.417	0.476
	载重汽车 5t	台班	0.094	0.128	0.136
	直流弧焊机 32kV·A	台班	0.109	0.109	0.131
	电焊条烘干箱 45×35×45(cm)	台班	0.011	0.011	0.013

4.转碟曝气机

工作内容:开箱点件、基础划线、场内运输、设备吊装就位、一次灌浆、精平、组装,

附件组装、清洗、检查、加油,无负荷试运转。　　　　　　　　　　　　　**计量单位:台**

定　额　编　号			6-2-138	6-2-139	6-2-140	6-2-141
项　目			转碟曝气机(长度 m 以内)			9m 以外
			4.5	6	9	
			转盘直径(m)			
			1.4、1.5			
名　称		单位	消　耗　量			
人工	合计工日	工日	22.300	25.670	29.760	34.220
	其中 普工	工日	4.460	5.133	5.952	6.844
	一般技工	工日	16.725	19.253	22.320	25.665
	高级技工	工日	1.115	1.284	1.488	1.711
材料	镀锌铁丝 $\phi2.5\sim1.4$	kg	1.515	1.515	2.020	2.020
	紫铜板 $\delta0.05\sim0.3$	kg	0.106	0.212	0.318	0.318
	木材(成材)	m³	0.011	0.011	0.011	0.011
	枕木 2500×250×200	根	0.011	0.021	0.032	0.032
	水泥 P.O 42.5	kg	22.000	30.000	36.000	36.000
	砂子(中砂)	m³	0.031	0.051	0.066	0.066
	碎石 10	m³	0.046	0.077	0.092	0.092
	棉纱头	kg	1.212	1.515	1.515	1.515
	低碳钢焊条 J422(综合)	kg	0.550	0.550	0.660	0.660
	平垫铁 Q195~Q235 1#	块	4.080	4.080	4.080	4.080
	斜垫铁 Q195~Q235 1#	块	8.160	8.160	8.160	8.160
	破布	kg	1.260	1.575	1.575	1.575
	钙基润滑脂	kg	1.020	1.020	1.020	1.020
	机油 5#~7#	kg	3.502	4.120	4.120	4.120
	煤油	kg	1.734	2.040	2.040	2.040
	汽油(综合)	kg	1.020	1.020	1.020	1.020
机械	汽车式起重机 8t	台班	0.037	0.459	0.524	0.576
	载重汽车 5t	台班	0.009	0.141	0.150	0.165
	直流弧焊机 32kV·A	台班	0.011	0.120	0.144	0.159
	电焊条烘干箱 45×35×45(cm)	台班	0.001	0.012	0.014	0.016

5. 潜水离心式、射流式曝气机

工作内容: 开箱点件、基础划线、场内运输、设备吊装就位、一次灌浆、精平、组装,
附件组装、清洗、检查、加油,无负荷试运转。　　　　　　　　　计量单位:台

定　额　编　号			6-2-142	6-2-143	6-2-144	6-2-145
项　　　目			进气量(m³/h 以内)			
			100	200	300	300m³/h 以外
名　　　称		单位	消　耗　量			
人工	合计工日	工日	7.460	8.200	9.020	9.020
	其中 普工	工日	1.492	1.640	1.804	1.804
	一般技工	工日	5.595	6.150	6.765	6.765
	高级技工	工日	0.373	0.410	0.451	0.451
材料	热轧薄钢板 δ1.6~1.9	kg	0.180	0.180	0.180	0.180
	板枋材	m³	0.005	0.005	0.005	0.005
	水泥 P.O 42.5	kg	39.194	39.194	39.194	39.194
	砂子(粗砂)	m³	0.070	0.070	0.070	0.070
	碎石(综合)	m³	0.075	0.075	0.075	0.075
	厚漆	kg	0.154	0.154	0.154	0.154
	棉纱头	kg	0.244	0.244	0.244	0.244
	低碳钢焊条 J422 φ4.0	kg	0.208	0.208	0.208	0.208
	平垫铁 Q195~Q235 1#	块	4.080	4.080	4.080	4.080
	斜垫铁 Q195~Q235 1#	块	8.160	8.160	8.160	8.160
	氧气	m³	0.202	0.202	0.202	0.202
	乙炔气	kg	0.067	0.067	0.067	0.067
	破布	kg	0.276	0.276	0.276	0.276
	钙基润滑脂	kg	0.309	0.309	0.309	0.309
	机油	kg	1.093	1.093	1.093	1.093
	煤油	kg	0.857	0.857	0.857	0.857
	汽油(综合)	kg	0.208	0.208	0.208	0.208
	其他材料费	%	3.000	3.000	3.000	3.000
机械	叉式起重机 5t	台班	0.090	0.090	0.090	0.104
	直流弧焊机 20kV·A	台班	0.085	0.085	0.085	0.098
	电焊条烘干箱 45×35×45(cm)	台班	0.009	0.009	0.009	0.009

十三、曝 气 器

工作内容:外观检查、场内运输、设备吊装就位、安装、固定、找平、找正调试。 计量单位:10 个

定 额 编 号			6-2-146	6-2-147	6-2-148	6-2-149	6-2-150	6-2-151
项 目			管式微孔曝气器（直径100mm以内）	盘式（球形、钟罩、平板）曝气器	旋流混合扩散曝气器	陶瓷、钛板曝气器	滤帽	长（短）柄滤头
名 称		单位	消 耗 量					
合计工日		工日	0.980	0.780	0.760	0.850	0.262	0.270
人工	其中	普工	工日	0.196	0.156	0.152	0.169	0.053	0.053
		一般技工	工日	0.735	0.585	0.570	0.638	0.196	0.203
		高级技工	工日	0.049	0.039	0.038	0.043	0.013	0.014
材料	滤帽		个	10.100	10.100	10.100	10.100	10.100	10.100
	其他材料费		%	3.000	3.000	3.000	3.000	3.000	3.000

十四、布 气 管

工作内容:切管、坡口、调直、对口、挖眼接管、管道制安、管件制安、盲板制安。 计量单位:10m

定 额 编 号				6-2-152	6-2-153	6-2-154	6-2-155
项 目				碳钢管			
				DN50	DN100	DN150	DN200
名 称			单位	消 耗 量			
人工	合计工日		工日	1.700	1.889	2.300	2.928
	其中	普工	工日	0.340	0.378	0.460	0.586
		一般技工	工日	1.275	1.417	1.725	2.196
		高级技工	工日	0.085	0.094	0.115	0.146
材料	焊接钢管(综合)		m	10.200	10.200	10.200	10.200
	压制弯头		个	—	0.260	0.570	0.560
	热轧薄钢板 δ3.5~4.0		kg	0.090	0.100	0.140	0.450
	镀锌铁丝 φ3.5		kg	1.250	1.471	1.765	2.118
	板枋材		m³	0.010	0.010	0.010	0.010
	枕木 2000×200×200		根	0.026	0.030	0.040	0.048
	六角螺栓带螺母、垫圈 M16×45		套	20.000	20.000	20.000	20.000
	砂轮片 φ100		片	0.100	0.160	—	—
	砂轮片 φ400		片	0.040	0.240	0.420	0.690
	水		m³	0.010	1.500	0.250	0.450
	石棉橡胶板 δ3		kg	0.298	0.350	0.400	0.480
	铅油(厚漆)		kg	0.510	0.600	0.800	0.960
	棉纱		kg	0.400	0.600	0.800	0.960
	合金钢焊条		kg	0.765	0.900	1.020	1.224
	氧气		m³	0.510	0.600	0.700	0.840
	乙炔气		kg	0.170	0.200	0.233	0.280
	破布		kg	0.400	0.624	0.832	0.960
	机油 5#~7#		kg	0.200	0.200	0.200	0.200
	其他材料费		%	4.000	4.000	4.000	4.000
机械	直流弧焊机 32kV·A		台班	0.154	0.182	0.206	0.247
	电动弯管机 108mm		台班	0.030	0.050	—	0.247
	管子切断机 150mm		台班	—	0.010	0.030	0.247
	电焊条烘干箱 45×35×45(cm)		台班	0.015	0.018	0.021	0.025

工作内容:切管、坡口、调直、对口、挖眼接管、管道制安、管件制安、盲板制安、场内运输。

计量单位:10m

定 额 编 号			6-2-156	6-2-157	6-2-158	6-2-159
项 目			塑料管			
			DN50	DN100	DN150	DN200
名 称		单位	消 耗 量			
人工	合计工日	工日	1.165	1.290	1.571	1.992
	其中 普工	工日	0.233	0.257	0.314	0.398
	一般技工	工日	0.874	0.968	1.178	1.494
	高级技工	工日	0.058	0.065	0.079	0.100
材料	硬塑料管	m	10.600	10.600	10.600	10.600
	硬塑料管接头	个	11.010	7.370	6.660	6.510
	镀锌铁丝 $\phi3.5$	kg	0.941	1.177	1.471	1.765
	板枋材	m³	0.010	0.009	0.009	0.010
	枕木 2000×200×200	根	0.008	0.011	0.009	0.012
	石棉橡胶板 $\delta3$	kg	0.280	0.350	0.400	0.480
	六角螺栓带螺母、垫圈 M16×45	套	20.000	20.000	20.000	20.000
	铅油(厚漆)	kg	0.480	0.600	0.800	0.960
	砂布	张	0.348	0.552	0.696	0.883
	棉纱	kg	0.400	0.500	0.600	0.720
	聚氯乙烯焊条 $\phi3.2$	kg	0.640	0.800	1.000	1.200
	破布	kg	0.400	0.520	0.624	0.720
	机油 $5^{\#} \sim 7^{\#}$	kg	0.200	0.200	0.200	0.200
	粘合剂	kg	0.010	0.032	0.048	0.113
	丙酮	kg	0.015	0.047	0.070	—
	其他材料费	%	4.000	4.000	4.000	4.000
机械	木工圆锯机 500mm	台班	—	0.003	0.004	0.004

工作内容: 切管、坡口、调直、对口、挖眼接管、管道制安、管件制安、盲板制安、场内运输。

计量单位:10m

定 额 编 号		6-2-160	6-2-161	6-2-162	6-2-163
项　　目		不锈钢管			
		DN50	DN100	DN150	DN200
名　　称	单位	消　耗　量			
人工	合计工日	工日	1.776	2.220	2.730	3.276
	其中 普工	工日	0.355	0.444	0.545	0.655
	一般技工	工日	1.332	1.665	2.048	2.457
	高级技工	工日	0.089	0.111	0.137	0.164
材料	不锈钢管	m	10.360	10.360	10.360	10.360
	不锈钢弯头	个	—	0.260	0.570	0.560
	不锈钢板 δ4~8	kg	0.090	0.100	0.140	0.450
	镀锌铁丝 φ3.5	kg	1.373	1.471	1.765	2.118
	板枋材	m³	0.010	0.010	0.010	0.010
	枕木 2000×200×200	根	0.024	0.030	0.040	0.048
	不锈钢六角螺栓 M16×45	套	20.392	20.392	20.392	20.392
	石棉橡胶板 δ3	kg	0.280	0.350	0.400	0.480
	砂轮片 φ100	片	0.100	0.160	—	—
	砂轮片 φ400	片	0.040	0.240	0.420	0.690
	铅油(厚漆)	kg	0.480	0.600	0.800	0.960
	棉纱	kg	0.400	0.500	0.800	0.960
	不锈钢焊条(综合)	kg	0.720	0.900	1.020	1.224
	破布	kg	0.400	0.520	0.832	0.960
	机油 5#~7#	kg	0.200	0.200	0.200	0.200
	水	m³	0.060	0.150	0.250	0.450
	其他材料费	%	4.000	4.000	4.000	4.000
机械	等离子切割机 400A	台班	0.183	0.228	0.283	0.340
	直流弧焊机 20kV·A	台班	0.146	0.182	0.206	0.247
	电动弯管机 108mm	台班	0.030	0.050	—	0.340
	管子切断机 150mm	台班	—	0.010	0.030	0.340
	电焊条烘干箱 45×35×45(cm)	台班	0.015	0.018	0.021	0.034

十五、滗水器

1. 旋转式滗水器

工作内容:开箱点件、基础划线、场内运输、设备吊装就位、一次灌浆、精平、组装、附件组装、清洗、检查、加油、无负荷试运转。

计量单位:台

定 额 编 号			6-2-164	6-2-165	6-2-166	6-2-167
项 目			堰长(m以内)			
			2	5	8	12
名 称		单位	消 耗 量			
人工	合计工日	工日	17.050	18.755	19.608	22.561
	其中 普工	工日	3.409	3.751	3.922	4.512
	一般技工	工日	12.788	14.066	14.706	16.921
	高级技工	工日	0.853	0.938	0.980	1.128
材料	热轧薄钢板 δ1.0~3	kg	0.848	0.848	1.696	1.696
	钢板 δ3~10	kg	15.571	15.571	31.143	31.143
	镀锌铁丝 φ4.0~2.8	kg	3.030	3.030	3.030	3.030
	木材(成材)	m³	0.030	0.030	0.035	0.035
	枕木 2000×200×200	根	0.053	0.053	0.053	0.053
	水泥 P.O 42.5	kg	23.460	23.460	32.640	32.640
	砂子(中砂)	m³	0.053	0.053	0.080	0.080
	碎石 10	m³	0.077	0.077	0.107	0.107
	棉纱线	kg	1.465	1.465	2.677	2.677
	低碳钢焊条 J422(综合)	kg	2.651	2.651	3.421	3.421
	平垫铁 Q195~Q235 1#	块	4.080	8.160	8.160	8.160
	斜垫铁 Q195~Q235 1#	kg	8.160	16.320	16.320	16.320
	氧气	m³	0.847	0.847	1.694	1.694
	乙炔气	kg	0.283	0.283	0.565	0.565
	破布	kg	1.523	1.523	2.783	2.783
	钙基润滑脂	kg	2.856	2.856	4.692	4.692
	机油 5#~7#	kg	0.515	0.515	0.927	0.927
	煤油	kg	1.734	1.734	3.264	3.264
	其他材料费	%	3.000	3.000	3.000	3.000
机械	汽车式起重机 8t	台班	0.290	0.290	0.435	0.435
	载重汽车 5t	台班	0.086	0.086	0.129	0.129
	直流弧焊机 32kV·A	台班	0.524	0.524	0.676	0.676
	电焊条烘干箱 45×35×45(cm)	台班	0.052	0.052	0.068	0.068

工作内容: 开箱点件、基础划线、场内运输、设备吊装就位、一次灌浆、精平、组装、附件组装、清洗、检查、加油、无负荷试运转。

计量单位:台

	定 额 编 号		6-2-168	6-2-169	6-2-170
			堰长(m 以内)		
	项 目		16	20	20(m 以外)
	名 称	单位	消 耗 量		
人工	合计工日	工日	26.070	29.975	32.835
	其中 普工	工日	5.213	5.995	6.567
	一般技工	工日	19.553	22.481	24.626
	高级技工	工日	1.304	1.499	1.642
材料	热轧薄钢板 δ1.0 ~ 3	kg	1.696	1.696	1.696
	钢板 δ3 ~ 10	kg	31.143	31.143	31.143
	镀锌铁丝 φ4.0 ~ 2.8	kg	3.030	3.030	3.030
	木材(成材)	m³	0.035	0.035	0.035
	枕木 2000×200×200	根	0.053	0.053	0.053
	水泥 P.O 42.5	kg	32.640	32.640	32.640
	砂子(中砂)	m³	0.080	0.080	0.080
	碎石 10	m³	0.107	0.107	0.107
	棉纱线	kg	2.677	2.677	2.677
	低碳钢焊条 J422(综合)	kg	3.421	3.421	3.421
	平垫铁 Q195 ~ Q235 1#	块	8.160	8.160	8.160
	斜垫铁 Q195 ~ Q235 1#	kg	16.320	16.320	16.320
	氧气	m³	1.694	1.694	1.694
	乙炔气	kg	0.565	0.565	0.565
	破布	kg	2.783	2.783	2.783
	钙基润滑脂	kg	4.692	4.692	4.692
	机油 5# ~ 7#	kg	0.927	0.927	0.927
	煤油	kg	3.264	3.264	3.264
	其他材料费	%	3.000	3.000	3.000
机械	汽车式起重机 8t	台班	0.435	0.435	0.435
	载重汽车 5t	台班	0.129	0.129	0.129
	直流弧焊机 32kV·A	台班	0.676	0.676	0.676
	电焊条烘干箱 45×35×45(cm)	台班	0.068	0.068	0.068

2. 浮筒式滗水器

工作内容: 开箱点件、基础划线、场内运输、设备吊装就位、精平、组装、附件组装、清洗、检查、加油、无负荷试运转。

计量单位:台

定额编号			6-2-171	6-2-172	6-2-173	6-2-174
项　目			堰长(m以内)			
			2	5	8	12
名　称		单位	消　耗　量			
人工	合计工日	工日	18.249	19.679	20.581	23.683
	其中 普工	工日	3.650	3.936	4.116	4.737
	一般技工	工日	13.687	14.759	15.436	17.762
	高级技工	工日	0.912	0.984	1.029	1.184
材料	热轧薄钢板 $\delta 1.0 \sim 3$	kg	0.848	0.848	1.696	1.696
	钢板 $\delta 3 \sim 10$	kg	15.571	15.571	31.143	31.143
	镀锌铁丝 $\phi 4.0 \sim 2.8$	kg	3.030	3.030	3.030	3.030
	木材(成材)	m³	0.030	0.030	0.035	0.035
	枕木 2000×200×200	根	0.053	0.053	0.053	0.053
	棉纱线	kg	1.465	1.465	2.677	2.677
	低碳钢焊条 J422(综合)	kg	2.651	2.651	3.421	3.421
	氧气	m³	0.847	0.847	1.694	1.694
	乙炔气	kg	0.283	0.283	0.565	0.565
	破布	kg	1.523	1.523	2.783	2.783
	钙基润滑脂	kg	2.856	2.856	4.692	4.692
	机油 $5^{\#} \sim 7^{\#}$	kg	0.515	0.515	0.927	0.927
	煤油	kg	1.734	1.734	3.264	3.264
	其他材料费	%	3.000	3.000	3.000	3.000
机械	汽车式起重机 8t	台班	0.290	0.290	0.435	0.435
	载重汽车 5t	台班	0.086	0.086	0.129	0.129
	直流弧焊机 32kV·A	台班	0.524	0.524	0.676	0.676
	电焊条烘干箱 45×35×45(cm)	台班	0.052	0.052	0.068	0.068

工作内容:开箱点件、基础划线、场内运输、设备吊装就位、精平、组装、附件组装、清洗、
检查、加油、无负荷试运转。　　　　　　　　　　　　　　　　　　计量单位:台

定 额 编 号			6-2-175	6-2-176	6-2-177
项　目			堰长(m 以内)		
			16	20	20m 以外
名　称		单位	消　耗　量		
人工	合计工日	工日	27.368	31.473	37.474
	其中　普工	工日	5.474	6.294	7.494
	一般技工	工日	20.526	23.605	28.106
	高级技工	工日	1.368	1.574	1.874
材料	热轧薄钢板 δ1.0~3	kg	1.696	1.696	1.696
	钢板 δ3~10	kg	31.143	31.143	31.143
	镀锌铁丝 φ4.0~2.8	kg	3.030	3.030	3.030
	木材(成材)	m³	0.035	0.035	0.035
	枕木 2000×200×200	根	0.053	0.053	0.053
	棉纱线	kg	2.677	2.677	2.677
	低合金钢焊条 E43 系列	kg	3.421	3.421	3.421
	氧气	m³	1.694	1.694	1.694
	乙炔气	kg	0.565	0.565	0.565
	破布	kg	2.783	2.783	2.783
	钙基润滑脂	kg	4.692	4.692	4.692
	机油 5#~7#	kg	0.927	0.927	0.927
	煤油	kg	3.264	3.264	3.264
	其他材料费	%	3.000	3.000	3.000
机械	汽车式起重机 8t	台班	0.435	0.435	0.435
	载重汽车 5t	台班	0.129	0.129	0.129
	直流弧焊机 32kV·A	台班	0.676	0.676	0.676
	电焊条烘干箱 45×35×45(cm)	台班	0.068	0.068	0.068

3. 虹吸式滗水器

工作内容: 开箱点件、基础划线、场内运输、设备吊装就位、精平、组装、附件组装、清洗、检查、加油、无负荷试运转。

计量单位:台

	定 额 编 号		6-2-178	6-2-179	6-2-180	6-2-181
	项 目		堰长(m 以内)			
			2	5	8	12
	名 称	单位	消 耗 量			
人工	合计工日	工日	9.350	10.285	11.319	14.256
	其中 普工	工日	1.869	2.057	2.264	2.851
	一般技工	工日	7.013	7.714	8.489	10.692
	高级技工	工日	0.468	0.514	0.566	0.713
材料	热轧薄钢板 δ1.6~1.9	kg	0.424	0.424	0.424	0.424
	镀锌铁丝 φ4.0~2.8	kg	0.808	0.808	0.808	0.808
	木板	m³	0.009	0.009	0.009	0.012
	低碳钢焊条 J422 φ4.0	kg	0.208	0.208	0.208	0.266
	氧气	m³	0.224	0.224	0.224	0.224
	乙炔气	kg	0.075	0.075	0.075	0.075
	破布	kg	0.166	0.166	0.166	0.254
	棉纱头	kg	0.167	0.167	0.167	0.211
	钙基润滑脂	kg	0.567	0.567	0.567	0.721
	汽油(综合)	kg	0.312	0.312	0.312	0.416
	煤油	kg	0.964	0.964	0.964	1.285
	机油	kg	0.885	0.885	0.885	1.124
机械	叉式起重机 5t	台班	0.170	0.170	0.170	0.255
	直流弧焊机 20kV·A	台班	0.085	0.085	0.085	0.170
	电焊条烘干箱 45×35×45(cm)	台班	0.009	0.009	0.009	0.017

工作内容: 开箱点件、基础划线、场内运输、设备吊装就位、精平、组装、附件组装、清洗、检查、加油、无负荷试运转。

计量单位:台

	定 额 编 号		6-2-182	6-2-183	6-2-184
	项 目		堰长(m 以内)		
			16	20	20m 以外
	名 称	单位	消 耗 量		
人工	合计工日	工日	15.675	19.767	24.981
	其中 普工	工日	3.135	3.954	4.996
	一般技工	工日	11.756	14.825	18.736
	高级技工	工日	0.784	0.988	1.249
材料	热轧薄钢板 δ1.6~1.9	kg	0.424	0.477	0.530
	镀锌铁丝 φ4.0~2.8	kg	0.808	1.212	1.212
	木板	m³	0.012	0.020	0.026
	棉纱头	kg	0.211	0.267	0.300
	低碳钢焊条 J422 φ4.0	kg	0.266	0.393	0.485
	氧气	m³	0.224	0.449	0.561
	乙炔气	kg	0.075	0.150	0.187
	破布	kg	0.254	0.331	0.441
	钙基润滑脂	kg	0.721	0.927	0.927
	汽油(综合)	kg	0.416	0.520	0.624
	煤油	kg	1.285	1.928	2.678
	机油	kg	1.124	1.405	1.560
机械	汽车式起重机 8t	台班	—	—	0.425
	叉式起重机 5t	台班	0.255	0.340	0.255
	直流弧焊机 20kV·A	台班	0.170	0.255	0.340
	电焊条烘干箱 45×35×45(cm)	台班	0.017	0.026	0.034

十六、生 物 转 盘

工作内容: 开箱点件、基础划线、场内运输、设备吊装就位、一次灌浆、精平、组装,附件
组装、清洗、检查、加油,无负荷试运转。

计量单位:台

定 额 编 号				6-2-185	6-2-186	6-2-187	6-2-188	6-2-189	6-2-190
项　　目				设备重量(t 以内)					
				3	4.5	6.0	7.5	8	8t 以上
名　　称			单位	消 耗 量					
人工	合计工日		工日	32.669	40.029	50.969	59.029	68.224	78.328
	其中	普工	工日	6.534	8.006	10.195	11.806	13.645	15.666
		一般技工	工日	24.502	30.022	38.226	44.272	51.168	58.746
		高级技工	工日	1.633	2.001	2.548	2.951	3.411	3.916
材料	钢板 δ3~10		kg	1.200	2.000	3.400	4.800	7.100	7.800
	镀锌铁丝 φ3.5		kg	1.961	1.961	1.961	2.942	2.942	3.432
	板枋材		m³	0.010	0.010	0.020	0.020	0.030	0.030
	枕木 2000×200×200		根	0.020	0.040	0.060	0.080	0.110	0.130
	水泥 P.O 42.5		kg	9.000	19.000	26.000	34.000	41.000	48.000
	砂子(中粗砂)		m³	0.010	0.020	0.030	0.040	0.050	0.059
	碎石 10		m³	0.010	0.020	0.030	0.040	0.050	0.060
	棉纱		kg	1.500	1.500	2.000	2.000	2.500	3.000
	合金钢焊条		kg	0.400	0.600	0.800	0.800	1.100	1.300
	平垫铁 Q195~Q235 1#		块	4.080	4.080	4.080	4.080	4.080	4.080
	斜垫铁 Q195~Q235 1#		块	8.160	8.160	8.160	8.160	8.160	8.160
	氧气		m³	0.340	0.400	0.400	0.400	0.600	0.600
	乙炔气		kg	0.113	0.133	0.133	0.133	0.200	0.200
	破布		kg	1.559	1.559	2.000	2.079	2.599	3.119
	钙基润滑脂		kg	0.971	1.166	1.500	1.943	1.943	2.429
	机油 5#~7#		kg	3.000	3.500	3.999	4.000	4.800	6.400
	煤油		kg	0.990	1.188	1.500	1.485	1.584	2.080
	其他材料费		%	4.000	4.000	4.000	4.000	4.000	4.000
机械	汽车式起重机 8t		台班	0.593	0.778	0.920	—	—	—
	汽车式起重机 12t		台班	—	—	—	1.088	1.168	1.274
	载重汽车 5t		台班	0.161	0.188	—	—	—	—
	载重汽车 8t		台班	—	—	0.215	0.233	0.251	—
	载重汽车 15t		台班	—	—	—	—	—	0.269
	直流弧焊机 32kV·A		台班	0.081	0.121	0.161	0.161	0.222	0.262
	电焊条烘干箱 45×35×45(cm)		台班	0.008	0.012	0.016	0.016	0.022	0.026

十七、搅　拌　机

1. 立式混合搅拌机平叶浆、折板浆、螺旋浆

工作内容: 开箱点件、基础划线、场内运输、设备吊装就位、一次灌浆、精平、组装,
附件组装、清洗、检查、加油,无负荷试运转。

计量单位:台

定　额　编　号				6-2-191	6-2-192	6-2-193
项　　目				桨叶外径(m 以内)		
				1	2	3
名　　称			单位	消　耗　量		
人工	合计工日		工日	9.800	10.780	11.860
	其中	普工	工日	1.960	2.156	2.372
		一般技工	工日	7.350	8.085	8.895
		高级技工	工日	0.490	0.539	0.593
材料	钢板 δ3~10		kg	2.968	2.968	2.968
	木材(成材)		m³	0.011	0.011	0.011
	枕木 2000×200×200		根	0.021	0.021	0.021
	水泥 P.O 42.5		kg	8.000	8.000	8.000
	砂子(中砂)		m³	0.013	0.013	0.013
	碎石 10		m³	0.020	0.020	0.020
	棉纱头		kg	0.505	0.505	0.505
	低碳钢焊条 J422(综合)		kg	0.440	0.440	0.440
	镀锌铁丝 φ2.5~1.4		kg	1.515	1.515	1.515
	平垫铁 Q195~Q235 1#		块	4.080	4.080	4.080
	斜垫铁 Q195~Q235 1#		块	8.160	8.160	8.160
	钙基润滑脂		kg	1.020	1.020	1.020
	氧气		m³	0.330	0.330	0.330
	乙炔气		kg	0.110	0.110	0.110
	破布		kg	0.525	0.525	0.525
	机油 5#~7#		kg	0.515	0.515	0.515
	煤油		kg	1.530	1.530	1.530
机械	汽车式起重机 8t		台班	0.417	0.459	0.482
	载重汽车 5t		台班	0.085	0.094	0.098
	直流弧焊机 32kV·A		台班	0.088	0.097	0.102
	电焊条烘干箱 45×35×45(cm)		台班	0.009	0.010	0.010

2. 立式反应搅拌机

工作内容:开箱点件、基础划线、场内运输、设备吊装就位、一次灌浆、精平、组装,
附件组装、清洗、检查、加油,无负荷试运转。　　　　　　　　　　　　　计量单位:台

定 额 编 号			6-2-194	6-2-195	6-2-196	6-2-197
项　目			桨板外径(m 以内)			
			1.7	2.8	3.5	4
名　称		单位	消 耗 量			
人工	合计工日	工日	16.250	17.100	17.880	18.690
	其中 普工	工日	3.249	3.420	3.576	3.737
	一般技工	工日	12.188	12.825	13.410	14.018
	高级技工	工日	0.813	0.855	0.894	0.935
材料	钢板 $\delta 3 \sim 10$	kg	5.936	5.936	6.530	6.826
	镀锌铁丝 $\phi 2.5 \sim 1.4$	kg	2.020	2.020	2.222	2.323
	木材(成材)	m³	0.011	0.011	0.012	0.012
	枕木 2000×200×200	根	0.042	0.042	0.046	0.048
	水泥 P.O 42.5	kg	17.000	17.000	18.700	19.550
	砂子(中砂)	m³	0.027	0.027	0.030	0.030
	碎石 10	m³	0.031	0.031	0.034	0.035
	棉纱头	kg	0.505	0.505	0.556	0.581
	低碳钢焊条 J422(综合)	kg	2.090	2.090	2.299	2.404
	平垫铁 Q195~Q235 1#	块	4.080	4.080	4.488	4.692
	斜垫铁 Q195~Q235 1#	块	8.160	8.160	8.160	8.160
	氧气	m³	0.660	0.660	0.726	0.759
	乙炔气	kg	0.220	0.220	0.242	0.253
	破布	kg	0.525	0.525	0.578	0.604
	钙基润滑脂	kg	1.020	1.020	1.122	1.173
	机油 5#~7#	kg	1.030	1.030	1.133	1.185
	煤油	kg	3.060	3.060	3.366	3.519
机械	汽车式起重机 8t	台班	0.470	0.494	0.517	0.541
	载重汽车 5t	台班	0.137	0.144	0.151	0.158
	直流弧焊机 32kV·A	台班	0.290	0.304	0.319	0.333
	电焊条烘干箱 45×35×45(cm)	台班	0.029	0.030	0.032	0.033

3.卧式反应搅拌机

工作内容: 开箱点件、基础划线、场内运输、设备吊装就位、一次灌浆、精平、组装,
附件组装、清洗、检查、加油,无负荷试运转。　　　　　　　　　　计量单位:台

定额编号			6-2-198	6-2-199
项　目			轴长(m以内)	
			20	
			基本格数	
			3	每增减1格
名　称		单位	消耗量	
人工	合计工日	工日	25.790	5.160
	其中 普工	工日	5.157	1.032
	一般技工	工日	19.343	3.870
	高级技工	工日	1.290	0.258
材料	热轧薄钢板 δ1.0~3	kg	2.544	0.509
	钢板 δ3~10	kg	46.714	9.339
	木材(成材)	m³	0.013	—
	水泥 P.O 42.5	kg	27.000	5.400
	砂子(中砂)	m³	0.080	0.020
	碎石10	m³	0.092	0.020
	平垫铁 Q195~Q235 1#	块	4.080	4.080
	斜垫铁 Q195~Q235 1#	块	8.160	8.160
	低碳钢焊条 J422(综合)	kg	2.310	0.462
	氧气	m³	2.541	0.506
	乙炔气	kg	0.848	0.165
	破布	kg	3.780	0.756
	棉纱头	kg	3.636	0.727
	钙基润滑脂	kg	5.508	1.102
	机油 5#~7#	kg	1.236	0.247
	煤油	kg	4.590	0.918
机械	汽车式起重机 8t	台班	0.870	0.174
	载重汽车 5t	台班	0.258	0.052
	直流弧焊机 32kV·A	台班	0.912	0.182
	电焊条烘干箱 45×35×45(cm)	台班	0.091	0.018

4.药物搅拌机

工作内容:开箱点件、基础划线、场内运输、设备吊装就位、精平、组装,附件组装、清洗、
检查、加油,无负荷试运转。

计量单位:台

	定 额 编 号		6-2-200
	项 目		桨叶外径(mm 以内)
			160
	名 称	单位	消 耗 量
人工	合计工日	工日	2.350
	其中 普工	工日	0.469
	一般技工	工日	1.763
	高级技工	工日	0.118
材料	热轧薄钢板 δ1.0~3	kg	0.470
	枕木	m³	0.001
	石棉橡胶板 δ0.8~6	kg	0.089
	木板 δ25	m³	0.001
	白漆	kg	0.057
	低碳钢焊条 J422 φ4.0	kg	0.162
	破布	kg	0.364
	机油	kg	0.145
	煤油	kg	0.714
	汽油 综合	kg	0.375
机械	交流弧焊机 21kV·A	台班	0.170
	电焊条烘干箱 45×35×45(cm)	台班	0.017

十八、推进器(搅拌器)

1.潜水推进器

工作内容:开箱点件、基础划线、场内运输、设备吊装就位、精平、组装,附件组装、清洗、
检查、加油,无负荷试运转。

计量单位:套

	定 额 编 号		6-2-201	6-2-202
	项 目		潜水推进器(直径 m 以内)	
			1.8	2.5
	名 称	单位	消 耗 量	
人工	合计工日	工日	8.880	9.200
	其中 普工	工日	1.776	1.840
	一般技工	工日	6.660	6.900
	高级技工	工日	0.444	0.460
材料	中厚钢板(综合)	t	0.002	0.002
	镀锌铁丝(综合)	kg	2.778	2.778
	纯铜箔 δ0.04	kg	0.053	0.053
	木材(成材)	m³	0.017	0.017
	枕木 2000×250×200	根	0.066	0.066
	低碳钢焊条 J422(综合)	kg	0.484	0.484
	钙基润滑脂	kg	1.224	1.224
	机油	kg	0.824	0.824
	煤油	kg	2.040	2.040
机械	电动单筒慢速卷扬机 50kN	台班	0.975	0.975
	直流弧焊机 20kV·A	台班	0.088	0.088
	电焊条烘干箱 45×35×45(cm)	台班	0.009	0.009

2. 潜水搅拌器

工作内容: 开箱点件、基础划线、场内运输、设备吊装就位、精平、组装,附件组装、清洗、
检查、加油,无负荷试运转。

计量单位:套

		定　额　编　号		6-2-203
		项　　目		潜水搅拌器
		名　　称	单位	消　耗　量
人工		合计工日	工日	8.000
	其中	普工	工日	1.600
		一般技工	工日	6.000
		高级技工	工日	0.400
材料		中厚钢板(综合)	t	0.002
		镀锌铁丝(综合)	kg	2.778
		木材(成材)	m³	0.017
		枕木 2000×250×200	根	0.066
		纯铜箔 δ0.04	kg	0.053
		低合金钢焊条 E43 系列	kg	0.484
		钙基润滑脂	kg	1.224
		机油	kg	0.824
		煤油	kg	2.040
机械		电动单筒慢速卷扬机 50kN	台班	0.975
		直流弧焊机 32kV·A	台班	0.008
		电焊条烘干箱 45×35×45(cm)	台班	0.001

十九、加药设备

1. 一体化溶药及投加设备

工作内容: 开箱点件、基础划线、场内运输、设备吊装就位、一次灌浆、精平、组装,附件组装、清洗、检查、加油,无负荷试运转。

计量单位:台

	定额编号		6-2-204
	项目		一体化溶药及投加设备
	名称	单位	消耗量
人工	合计工日	工日	19.42
	其中 普工	工日	3.884
	一般技工	工日	14.565
	高级技工	工日	0.971
材料	热轧薄钢板 δ1.6~1.9	kg	0.477
	镀锌铁丝 φ4.0~2.8	kg	1.177
	木板 δ25	m³	0.020
	水泥 P.O 42.5	kg	126.295
	砂子(粗砂)	m³	0.225
	碎石(综合)	m³	0.247
	石棉橡胶板(高压)δ1~6	kg	0.541
	厚漆	kg	4.182
	棉纱头	kg	0.267
	低碳钢焊条 J422 φ4.0	kg	0.393
	平垫铁 Q195~Q235 1#	块	6.120
	斜垫铁 Q195~Q235 1#	块	12.240
	氧气	m³	0.449
	乙炔气	kg	0.150
	破布	kg	0.331
	钙基润滑脂	kg	0.510
	机油	kg	0.936
	煤油	kg	1.391
	汽油(综合)	kg	1.928
	其他材料费	%	3.00
机械	叉式起重机 5t	台班	0.255
	直流弧焊机 20kV·A	台班	0.425
	电焊条烘干箱 45×35×45(cm)	台班	0.043

2.隔膜计量泵

工作内容:开箱检点、基础划线、场内运输、设备吊装就位、精平、组装、附件组装、清洗、检查、加油、无负荷运转。 计量单位:台

定 额 编 号			6-2-205
项 目			隔膜计量泵
名 称		单位	消 耗 量
人工	合计工日	工日	2.900
	其中 普工	工日	0.580
	一般技工	工日	2.175
	高级技工	工日	0.145
材料	热轧薄钢板 δ1.6～1.9	kg	0.133
	木板 δ25	m³	0.002
	石棉橡胶板(中压)δ0.8～6	kg	0.106
	厚漆	kg	0.051
	棉纱头	kg	0.139
	低碳钢焊条 J422 φ4.0	kg	0.058
	氧气	m³	0.561
	乙炔气	kg	0.187
	破布	kg	0.138
	钙基润滑脂	kg	0.026
	机油	kg	0.053
	煤油	kg	0.268
	汽油(综合)	kg	0.131
	其他材料费	%	3.00
机械	直流弧焊机 20kV·A	台班	0.085
	电焊条烘干箱 45×35×45(cm)	台班	0.009

3. 螺杆计量泵

工作内容: 开箱检点、基础划线、场内运输、设备吊装就位、一次灌浆、精平、组装、附件组装、清洗、检查、加油、无负荷运转。

计量单位:台

定 额 编 号				6-2-206
项　　目				螺杆计量泵
名　　称			单位	消 耗 量
人工	合计工日		工日	3.190
	其中	普工	工日	0.637
		一般技工	工日	2.393
		高级技工	工日	0.160
材料	热轧薄钢板 $\delta1.6 \sim 1.9$		kg	0.133
	木板 $\delta25$		m³	0.002
	水泥 P.O 42.5		kg	13.050
	砂子(粗砂)		m³	0.022
	碎石(综合)		m³	0.024
	厚漆		kg	0.051
	石棉橡胶板(高压)$\delta1 \sim 6$		kg	0.106
	棉纱头		kg	0.139
	低碳钢焊条 J422 $\phi4.0$		kg	0.058
	平垫铁 Q195 ~ Q235 1#		块	4.080
	斜垫铁 Q195 ~ Q235 1#		块	8.160
	氧气		m³	0.561
	乙炔气		kg	0.187
	破布		kg	0.138
	钙基润滑脂		kg	0.026
	机油		kg	0.053
	煤油		kg	0.268
	汽油(综合)		kg	0.131
	其他材料费		%	3.00
机械	直流弧焊机 20kV·A		台班	0.085
	电焊条烘干箱 45×35×45(cm)		台班	0.009

4. 粉料储存投加设备料仓

工作内容:构件加固、吊装校正、拧紧螺栓、电焊固定、翻身就位。　　　　　　　　　　　计量单位:台

定 额 编 号		6-2-207	6-2-208	6-2-209	6-2-210	6-2-211	6-2-212
项　目		料仓直径(m)、高(m)					
		2、3	2.8、5	3.8、7	4.5、9	5.5、10	6.5、12
		重量(t以内)					
		2	5	8	11	15	20
名　称	单位	消 耗 量					
人工 合计工日	工日	12.928	18.596	21.965	28.540	36.645	42.142
其中 普工	工日	2.586	3.719	4.393	5.708	7.329	8.428
一般技工	工日	9.696	13.947	16.474	21.405	27.484	31.607
高级技工	工日	0.646	0.930	1.098	1.427	1.832	2.107
钢板 $\delta4.5\sim7$	kg	0.950	1.900	2.850	3.800	4.750	5.463
镀锌钢丝网 $\phi2.5\times67\times67\sim\phi3\times50\times50$	m²	2.049	3.074	4.099	4.612	5.124	5.892
木板	m³	0.001	0.001	0.003	0.003	0.004	0.004
铁砂布 0#~2#	张	2.850	2.850	2.850	2.850	2.850	3.278
道木	m³	0.040	0.057	0.062	0.075	0.077	0.088
塑料布	kg	1.596	2.651	2.651	4.190	4.190	4.818
六角螺栓带螺母 M20×80以下	10套	0.570	0.950	1.140	1.330	1.520	1.748
石棉橡胶板 低中压 $\delta0.8\sim6$	kg	0.703	1.245	2.005	2.983	4.057	4.665
白漆	kg	0.076	0.095	0.095	0.095	0.095	0.109
水泥 P.O 42.5	kg	16.150	21.850	24.700	27.550	35.150	40.423
砂子	m³	0.024	0.048	0.059	0.070	0.083	0.095
碎石(综合)	m³	0.024	0.060	0.071	0.084	0.095	0.109
棉纱头	kg	0.356	0.468	0.468	0.468	0.468	0.538
钩头成对斜垫铁 Q195~Q235 1#	kg	1.002	1.503	1.503	2.004	2.004	2.304
碳钢平垫铁	kg	1.949	2.925	2.925	3.411	3.411	3.923
低碳钢焊条 J422 $\phi4.0$	kg	0.570	1.112	1.349	1.701	2.100	2.414
氧气	m³	1.124	1.424	1.677	1.929	2.365	2.719
乙炔气	m³	0.378	0.475	0.562	0.639	0.785	0.902
破布	kg	0.494	0.494	0.988	0.988	0.988	1.136
煤油	kg	1.976	2.540	2.822	3.293	3.763	4.328
草袋	个	0.480	0.480	0.480	0.480	1.219	1.400
水	m³	0.485	0.646	0.751	0.817	0.950	1.093
其他材料费	元	4.684	7.011	8.075	10.080	11.125	12.793
汽车式起重机 8t	台班	0.168	—	—	—	0.420	0.483
汽车式起重机 12t	台班	—	0.168	—	—	—	—
汽车式起重机 16t	台班	—	—	0.420	0.420	—	—
汽车式起重机 25t	台班	—	—	—	—	0.420	0.483
自卸汽车 8t	台班	—	—	—	0.426	0.426	—
电动空气压缩机 6m³/min	台班	0.537	0.851	1.064	1.175	1.277	1.469
交流弧焊机 21kV·A	台班	0.150	0.224	0.299	0.299	0.299	0.343
电焊条烘干箱 45×35×45(cm)	台班	0.015	0.022	0.030	0.023	0.023	0.034

5.粉料储存投加设备粉料投加机

工作内容:开箱检点、基础划线、场内运输、安装就位、找平找正、加油、试运转。 计量单位:台

定 额 编 号				6-2-213
项 目				粉料投加机
名 称		单位		消 耗 量
人工	合计工日	工日		8.450
	其中	普工	工日	1.689
		一般技工	工日	6.338
		高级技工	工日	0.423
材料	镀锌铁丝 φ4.0	kg		1.174
	水泥 P.O 42.5	kg		53.856
	砂子(粗砂)	m³		0.097
	碎石(综合)	m³		0.104
	厚漆	kg		0.246
	木板 δ25	m³		0.007
	棉纱头	kg		0.133
	低碳钢焊条 J422(综合)	kg		0.498
	平垫铁 Q195~Q235 1#	块		4.080
	斜垫铁 Q195~Q235 1#	块		8.160
	氧气	m³		0.179
	乙炔气	kg		0.059
	破布	kg		0.132
	钙基润滑脂	kg		0.454
	机油	kg		0.708
	煤油	kg		0.771
	汽油(综合)	kg		0.250
	其他材料费	%		3.00
机械	叉式起重机 5t	台班		0.136
	直流弧焊机 20kV·A	台班		0.272
	电焊条烘干箱 45×35×45(cm)	台班		0.027

6. 粉料储存投加设备计量输送机

工作内容:开箱检点、基础划线、场内运输、一次灌浆,安装就位、找平找正、加油、
试运转。

计量单位:台

定 额 编 号				6-2-214
项 目				粉料计量输送机
名 称		单位		消 耗 量
人工	合计工日	工日		8.520
	其中 普工	工日		1.704
	一般技工	工日		6.390
	高级技工	工日		0.426
材料	热轧薄钢板 δ1.6~1.9	kg		0.300
	水泥 P.O 42.5	kg		50.750
	砂子(粗砂)	m³		0.088
	碎石(综合)	m³		0.096
	木板 δ25	m³		0.006
	棉纱头	kg		0.338
	低碳钢焊条 J422 φ4.0	kg		0.126
	平垫铁 Q195~Q235 1#	块		4.080
	斜垫铁 Q195~Q235 1#	块		8.160
	镀锌铁丝(综合)	kg		0.085
	氧气	m³		0.204
	乙炔气	kg		0.068
	破布	kg		0.164
	钙基润滑脂	kg		0.196
	机油	kg		0.606
	煤油	kg		0.780
	汽油(综合)	kg		0.499
	其他材料费	%		3.000
机械	数字电压表	台班		0.578
	手持式万用表	台班		0.578
	高压兆欧表	台班		0.043
	交流弧焊机 21kV·A	台班		0.085
	电焊条烘干箱 45×35×45(cm)	台班		0.009

7. 二氧化氯发生器

工作内容:开箱点件、基础划线、场内运输、固定、安装。　　　　　　　　　计量单位:台

定额编号				6-2-215
项目				二氧化氯发生器
名称			单位	消耗量
人工	合计工日		工日	8.760
	其中	普工	工日	1.752
		一般技工	工日	6.570
		高级技工	工日	0.438
材料	六角螺栓带螺母、垫圈 M8~10		kg	4.000
	其他材料费		%	1.000

二十、加　氯　机

1. 柜式加氯机

工作内容:开箱点件、基础划线、场内运输、固定、安装。　　　　　　　　　计量单位:套

定额编号				6-2-216
项目				柜式加氯机
名称			单位	消耗量
人工	合计工日		工日	5.250
	其中	普工	工日	1.049
		一般技工	工日	3.938
		高级技工	工日	0.263
材料	六角螺栓带螺母、垫圈 M8~10		套	4.000
	棉纱		kg	0.050
	破布		kg	0.050

2. 挂式加氯机

工作内容:开箱点件、基础划线、场内运输、固定、安装。　　　　　　　　计量单位:套

定　额　编　号			6-2-217
项　　目			挂式加氯机
名　　称		单位	消　耗　量
人工	合计工日	工日	3.720
	其中 普工	工日	0.744
	一般技工	工日	2.790
	高级技工	工日	0.186
材料	六角螺栓带螺母、垫圈 M8～10	套	4.000
	棉纱	kg	0.050
	破布	kg	0.050

二十一、氯吸收装置

工作内容: 开箱点件、基础划线、场内运输、固定、安装。 计量单位:套

定额编号			6-2-218	6-2-219	6-2-220
项 目			吸收能力(kg/h 以内)		
			1000	3000	5000
名 称		单位	消 耗 量		
人工	合计工日	工日	15.433	17.496	22.162
	其中 普工	工日	3.086	3.499	4.432
	一般技工	工日	11.575	13.122	16.622
	高级技工	工日	0.772	0.875	1.108
材料	热轧薄钢板 δ3.5~4.0	kg	19.200	19.200	26.400
	镀锌铁丝 φ4.0~2.8	kg	9.414	9.414	11.767
	耐酸橡胶板 δ3	kg	4.800	7.200	12.000
	酚醛调和漆	kg	0.300	0.600	0.600
	低碳钢焊条 J422 φ3.2	kg	1.200	1.200	1.200
	氧气	m³	2.400	2.400	2.400
	乙炔气	kg	0.792	0.792	0.792
	破布	kg	0.624	0.624	0.749
	其他材料费	%	1.500	1.500	1.500
机械	汽车式起重机 8t	台班	0.425	—	—
	汽车式起重机 16t	台班	—	0.425	0.425
	载重汽车 8t	台班	0.430	—	—
	载重汽车 10t	台班	—	0.430	0.430
	电动单筒慢速卷扬机 30kN	台班	2.123	2.123	2.123
	交流弧焊机 32kV·A	台班	0.472	0.472	0.472
	电焊条烘干箱 45×35×45(cm)	台班	0.047	0.047	0.047

二十二、水射器

工作内容:开箱点件、场内运输、制垫、安装、找平、加垫、紧固螺栓。　　　　计量单位:个

定 额 编 号			6-2-221	6-2-222	6-2-223	6-2-224	6-2-225	6-2-226
项 目			公称直径(mm 以内)					
			DN25	DN32	DN40	DN50	DN65	DN80
名 称		单位	消 耗 量					
人工	合计工日	工日	0.514	0.589	0.675	0.776	0.899	1.049
	其中 普工	工日	0.102	0.118	0.135	0.155	0.180	0.210
	一般技工	工日	0.386	0.442	0.506	0.582	0.674	0.787
	高级技工	工日	0.026	0.029	0.034	0.039	0.045	0.052
材料	石棉橡胶板 δ3	kg	0.030	0.050	0.070	0.080	0.110	0.130
	其他材料费	%	3.00	3.00	3.00	3.00	3.00	3.00

二十三、管式混合器

工作内容:外观检查、点件、安装、找平、制垫、加垫、紧固螺栓、水压试验。　　　　计量单位:个

定 额 编 号			6-2-227	6-2-228	6-2-229
项 目			公称直径(mm 以内)		
			DN100	DN200	DN300
名 称		单位	消 耗 量		
人工	合计工日	工日	1.038	2.160	3.575
	其中 普工	工日	0.207	0.432	0.715
	一般技工	工日	0.779	1.620	2.681
	高级技工	工日	0.052	0.108	0.179
材料	石棉橡胶板 δ3	kg	0.233	0.466	0.700
	其他材料费	%	3.00	3.00	0.28
机械	汽车式起重机 8t	台班	0.073	0.135	0.200
	载重汽车 5t	台班	0.015	0.030	0.050

工作内容：外观检查、点件、安装、找平、制垫、加垫、紧固螺栓、水压试验。　　　　计量单位：个

定额编号			6-2-230	6-2-231	6-2-232	6-2-233	6-2-234	6-2-235
项　目			公称直径(mm 以内)					
			DN400	DN600	DN900	DN1200	DN1600	DN2000
名　称		单位	消　耗　量					
人工		合计工日	工日	5.579	8.319	14.697	19.782	25.353	32.528
	其中	普工	工日	1.115	1.664	2.939	3.956	5.070	6.506
		一般技工	工日	4.185	6.239	11.023	14.837	19.015	24.396
		高级技工	工日	0.279	0.416	0.735	0.989	1.268	1.626
材料		石棉橡胶板 δ3	kg	0.880	1.380	2.500	3.020	4.600	5.200
		其他材料费	%	3.000	3.000	3.000	3.000	3.000	3.000
机械		汽车式起重机 8t	台班	0.239	0.345	0.345	0.425	0.115	0.159
		汽车式起重机 12t	台班	—	—	—	—	0.557	0.911
		载重汽车 5t	台班	0.054	0.072	0.072	0.072	0.116	0.161

二十四、带式压滤机

工作内容: 开箱点件,基础划线,场内运输,设备吊装,一次灌浆,精平组装,附件组装、
清洗、检查、加油,无负荷试运转。

计量单位:台

定 额 编 号			6-2-236	6-2-237	6-2-238	6-2-239	6-2-240
项 目			带式压滤机(带宽 m 内)				
			0.5	1	1.5	2	3
名 称		单位	消 耗 量				
人工	合计工日	工日	22.803	27.885	31.746	33.820	35.500
	其中 普工	工日	4.561	5.576	6.349	6.764	7.100
	一般技工	工日	15.962	19.520	22.222	23.674	24.850
	高级技工	工日	2.280	2.789	3.175	3.382	3.550
材料	钢板(综合)	kg	9.116	13.144	17.808	23.744	23.744
	镀锌铁丝 φ3.5	kg	3.030	3.535	4.040	4.545	4.545
	枕木 2000×250×200	根	0.420	0.420	0.630	0.840	1.050
	棉纱头	kg	2.020	2.525	4.040	4.545	4.545
	低碳钢焊条 J422(综合)	kg	0.880	0.990	1.100	1.210	1.210
	斜垫铁 Q195~Q235 1#	块	12.240	12.240	12.240	12.240	16.320
	平垫铁 Q195~Q235 1#	块	6.120	6.120	6.120	6.120	8.160
	氧气	m³	0.880	0.990	1.100	1.320	1.320
	乙炔气	kg	0.297	0.330	0.363	0.440	0.440
	砂布	张	6.300	8.400	10.500	12.600	16.800
	破布	kg	2.100	2.625	4.200	4.725	4.725
	钙基润滑脂	kg	1.020	1.020	1.020	2.040	2.040
	机油 5#~7#	kg	4.120	4.120	4.120	6.180	6.180
	煤油	kg	10.200	10.200	10.200	12.240	12.240
	其他材料费	%	3.000	3.000	3.000	3.000	3.000
机械	电动单筒慢速卷扬机 30kN	台班	0.310	0.900	1.260	1.560	1.716
	直流弧焊机 32kV·A	台班	0.210	0.230	0.260	0.290	0.319
	电焊条烘干箱 45×35×45(cm)	台班	0.021	0.023	0.026	0.029	0.032

二十五、污泥脱水机

1.辊压转鼓式污泥脱水机

工作内容:开箱点件,基础划线,场内运输,设备吊装,一次灌浆,精平组装,附件组装、
清洗、检查、加油,无负荷试运转。

计量单位:台

定 额 编 号				6-2-241	6-2-242
项　目				转鼓直径(mm 以内)	
				800	1000
名　称			单位	消　耗　量	
人工	合计工日		工日	19.423	24.217
	其中	普工	工日	3.885	4.843
		一般技工	工日	13.596	16.952
		高级技工	工日	1.942	2.422
材料	钢板 δ3~10		kg	2.400	3.200
	镀锌铁丝 φ3.5		kg	0.981	0.981
	枕木 2000×250×200		根	0.100	0.200
	水泥 P.O 42.5		kg	12.400	15.200
	砂子(中粗砂)		m³	0.030	0.040
	碎石 10		m³	0.030	0.040
	棉纱		kg	0.500	0.500
	低碳钢焊条 J422(综合)		kg	0.400	0.450
	平垫铁 Q195~Q235 1#		块	4.080	4.080
	斜垫铁 Q195~Q235 1#		块	8.160	8.160
	氧气		m³	0.300	0.360
	乙炔气		kg	0.100	0.120
	砂布		张	2.000	4.000
	破布		kg	0.520	0.520
	钙基润滑脂		kg	0.389	0.389
	机油 5#~7#		kg	1.000	1.000
	煤油		kg	1.981	1.981
	其他材料费		%	4.000	4.000
机械	电动单筒慢速卷扬机 30kN		台班	0.210	0.210
	直流弧焊机 32kV·A		台班	0.081	0.090
	电焊条烘干箱 45×35×45(cm)		台班	0.008	0.009

2.螺杆式污泥脱水机

工作内容:开箱检点、基础划线、场内运输、设备吊装、安装就位、找平找正、一次灌浆、
加油、试运转。

计量单位:台

定 额 编 号			6-2-243	6-2-244	6-2-245
项 目			杆直径(mm 以内)		
			200	300	350
名 称		单位	消 耗 量		
人工	合计工日	工日	4.800	11.680	16.180
	其中 普工	工日	0.960	2.336	3.236
	一般技工	工日	3.360	8.176	11.326
	高级技工	工日	0.480	1.168	1.618
材料	热轧薄钢板 δ1.6～1.9	kg	0.318	0.424	0.477
	镀锌铁丝 φ1.2～0.7	kg	0.721	0.808	1.212
	木板 δ25	m³	0.006	0.012	0.020
	水泥 P.O 42.5	kg	51.765	83.375	126.295
	砂子(粗砂)	m³	0.090	0.149	0.225
	碎石(综合)	m³	0.098	0.162	0.247
	厚漆	kg	0.361	0.410	0.513
	棉纱头	kg	0.144	0.211	0.267
	低碳钢焊条 J422 φ4.0	kg	0.139	0.266	0.393
	平垫铁 Q195～Q235 1#	块	4.080	4.080	4.080
	斜垫铁 Q195～Q235 1#	块	8.160	8.160	8.160
	氧气	m³	0.224	0.224	0.449
	乙炔气	kg	0.075	0.075	0.150
	破布	kg	0.166	0.254	0.331
	钙基润滑脂	kg	0.206	0.721	0.927
	机油	kg	0.624	1.124	1.405
	煤油	kg	0.804	1.285	1.928
	汽油(综合)	kg	0.208	0.416	0.520
	其他材料费	%	3.00	3.00	3.00
机械	叉式起重机 5t	台班	0.085	0.255	0.340
	直流弧焊机 20kV·A	台班	0.085	0.170	0.255
	电焊条烘干箱 45×35×45(cm)	台班	0.009	0.017	0.026

3.螺压式污泥脱水机

工作内容:开箱检点、基础划线、场内运输、设备吊装、安装就位、找平找正、一次灌浆、
加油、试运转。

计量单位:台

定额编号			6-2-246	6-2-247	6-2-248	6-2-249	6-2-250
项　目			转鼓直径(mm 以内)				
			250	350	500	650	1000
名　称		单位	消　耗　量				
人工	合计工日	工日	8.350	14.560	20.430	28.160	38.500
	其中 普工	工日	1.670	2.912	4.086	5.632	7.700
	一般技工	工日	5.845	10.192	14.301	19.712	26.950
	高级技工	工日	0.835	1.456	2.043	2.816	3.850
材料	热轧薄钢板 δ1.6~1.9	kg	0.424	0.477	0.530	0.636	0.742
	镀锌铁丝 φ1.2~0.7	kg	0.808	1.212	1.212	2.151	4.040
	木板 δ25	m³	0.009	0.020	0.026	0.042	0.059
	厚漆	kg	0.308	0.513	0.564	0.718	0.841
	水泥 P.O 42.5	kg	66.120	126.295	161.385	216.819	289.565
	砂子(粗砂)	m³	0.118	0.225	0.290	0.400	0.518
	碎石(综合)	m³	0.130	0.247	0.317	0.427	0.565
	棉纱头	kg	0.167	0.202	0.300	0.389	0.444
	低碳钢焊条 J422 φ4.0	kg	0.208	0.393	0.485	0.682	0.682
	平垫铁 Q195~Q235 1#	块	4.080	4.080	4.080	4.080	4.080
	斜垫铁 Q195~Q235 1#	块	8.160	8.160	8.160	8.160	8.160
	氧气	m³	0.224	0.347	0.561	0.740	0.740
	乙炔气	kg	0.075	0.165	0.187	0.246	0.246
	破布	kg	0.166	0.277	0.441	0.662	0.772
	钙基润滑脂	kg	0.567	0.927	0.927	1.329	1.566
	机油	kg	0.885	1.405	1.560	1.873	2.237
	煤油	kg	0.973	1.928	2.678	3.641	4.177
	汽油(综合)	kg	0.312	0.520	0.624	0.708	0.770
	其他材料费	%	3.000	3.000	3.000	3.000	3.000
机械	汽车式起重机 8t	台班	—	—	0.425	0.425	—
	汽车式起重机 16t	台班	—	—	—	—	0.425
	载重汽车 8t	台班	—	—	—	0.425	0.425
	叉式起重机 5t	台班	0.170	0.340	0.255	0.425	1.275
	电动单筒慢速卷扬机 50kN	台班	—	—	—	0.850	1.275
	直流弧焊机 20kV·A	台班	0.085	0.255	0.340	0.425	0.425
	电焊条烘干箱 45×35×45(cm)	台班	0.009	0.026	0.034	0.043	0.043

4.离心式污泥脱水机

工作内容:开箱检点、基础划线、场内运输、设备吊装、安装就位、找平找正、一次灌浆、
加油、试运转。

计量单位:台

定 额 编 号			6-2-251	6-2-252	6-2-253
项 目			鼓径(mm 以内)		
			550	1000	1600
名 称		单位	消 耗 量		
人工	合计工日	工日	7.930	12.980	17.850
	其中 普工	工日	1.586	2.596	3.570
	一般技工	工日	5.551	9.086	12.495
	高级技工	工日	0.793	1.298	1.785
材料	热轧薄钢板 δ1.6~1.9	kg	0.424	0.424	0.477
	镀锌铁丝 φ1.2~0.7	kg	0.808	0.808	1.212
	木板 δ25	m³	0.009	0.009	0.020
	厚漆	kg	0.308	0.308	0.513
	水泥 P.O 42.5	kg	66.120	66.120	126.295
	砂子(粗砂)	m³	0.118	0.118	0.225
	碎石(综合)	m³	0.130	0.130	0.247
	棉纱头	kg	0.131	0.167	0.267
	低碳钢焊条 J422 φ4.0	kg	0.208	0.208	0.393
	平垫铁 Q195~Q235 1#	块	4.080	4.080	4.080
	斜垫铁 Q195~Q235 1#	块	8.160	8.160	8.160
	氧气	m³	0.132	0.224	0.449
	乙炔气	kg	0.396	0.075	0.150
	破布	kg	0.132	0.166	0.331
	钙基润滑脂	kg	0.408	0.567	0.927
	机油	kg	0.885	0.885	1.405
	煤油	kg	0.525	0.964	1.928
	汽油(综合)	kg	0.312	0.312	0.520
	其他材料费	%	3.000	3.000	3.000
机械	叉式起重机 5t	台班	0.170	0.255	0.340
	直流弧焊机 20kV·A	台班	0.085	0.170	0.255
	电焊条烘干箱 45×35×45(cm)	台班	0.009	0.017	0.026

5.板框式污泥脱水机

工作内容:开箱检点、基础划线、场内运输、设备吊装、安装就位、找平找正、一次灌浆、加油、试运转。

计量单位:台

定额编号				6-2-254	6-2-255	6-2-256	6-2-257
项 目				滤板(mm)			
				650×650	810×810	870×870	920×920
名 称			单位	消 耗 量			
人工	合计工日		工日	12.330	17.080	21.580	24.820
	其中	普工	工日	2.466	3.416	4.316	4.964
		一般技工	工日	8.631	11.956	15.106	17.374
		高级技工	工日	1.233	1.708	2.158	2.482
材料	热轧薄钢板 δ1.6~1.9		kg	0.424	0.477	0.530	0.530
	镀锌铁丝 φ1.2~0.7		kg	0.808	1.212	1.212	1.212
	水泥 P.O 42.5		kg	83.375	126.295	161.385	161.385
	砂子(粗砂)		m³	0.149	0.225	0.290	0.290
	碎石(综合)		m³	0.162	0.247	0.317	0.317
	木板 δ25		m³	0.012	0.020	0.026	0.026
	厚漆		kg	0.410	0.513	0.564	0.564
	棉纱头		kg	0.211	0.267	0.300	0.300
	低碳钢焊条 J422 φ4.0		kg	0.266	0.393	0.485	0.485
	平垫铁 Q195~Q235 1#		块	4.080	4.080	4.080	4.080
	斜垫铁 Q195~Q235 1#		块	8.160	8.160	8.160	8.160
	氧气		m³	0.224	0.449	0.561	0.561
	乙炔气		kg	0.075	0.150	0.187	0.187
	破布		kg	0.254	0.331	0.441	0.441
	钙基润滑脂		kg	0.721	0.927	0.927	0.927
	机油		kg	1.124	1.405	1.560	1.560
	煤油		kg	1.285	1.928	2.678	2.678
	汽油(综合)		kg	0.416	0.520	0.624	0.624
	其他材料费		%	3.000	3.000	3.000	3.000
机械	汽车式起重机 8t		台班	—	—	0.213	0.213
	载重汽车 8t		台班	—	—	0.425	0.489
	叉式起重机 5t		台班	0.255	0.340	0.255	0.293
	直流弧焊机 20kV·A		台班	0.170	0.255	0.340	0.391
	电焊条烘干箱 45×35×45(cm)		台班	0.017	0.026	0.034	0.039

6. 箱式污泥脱水机

工作内容: 开箱检点、基础划线、场内运输、设备吊装、安装就位、找平找正、一次灌浆、加油、试运转。

计量单位:台

定额编号			6-2-258	6-2-259	6-2-260	6-2-261	6-2-262	6-2-263
项　目			外框(mm)					
			400×400	500×500	800×800	1000×1000	1500×1500	2000×2000
名　称		单位	消　耗　量					
人工	合计工日	工日	5.060	7.930	16.220	28.390	37.600	44.240
	其中 普工	工日	1.012	1.586	3.244	5.678	7.520	8.848
	一般技工	工日	3.542	5.551	11.354	19.873	26.320	30.968
	高级技工	工日	0.506	0.793	1.622	2.839	3.760	4.424
材料	热轧薄钢板 δ1.6~1.9	kg	0.318	0.424	0.424	0.530	0.636	0.742
	镀锌铁丝 φ1.2~0.7	kg	0.752	0.808	0.808	1.212	3.434	4.040
	木板 δ25	m³	0.006	0.009	0.012	0.026	0.053	0.059
	枕木	m³	0.007	0.007	0.007	0.008	0.011	0.011
	厚漆	kg	0.285	0.308	0.410	0.564	0.718	0.841
	水泥 P.O 42.5	kg	50.750	66.120	83.375	161.385	246.130	289.565
	砂子(粗砂)	m³	0.090	0.118	0.149	0.290	0.439	0.518
	碎石(综合)	m³	0.098	0.130	0.162	0.317	0.479	0.565
	棉纱头	kg	0.144	0.167	0.211	0.300	0.374	0.444
	低碳钢焊条 J422 φ4.0	kg	0.139	0.208	0.266	0.485	0.583	0.682
	平垫铁 Q195~Q235 1#	块	4.080	4.080	4.080	6.120	6.120	8.160
	斜垫铁 Q195~Q235 1#	块	8.160	8.160	8.160	12.240	12.240	16.320
	氧气	m³	0.224	0.224	0.224	0.561	0.627	0.740
	乙炔气	kg	0.075	0.075	0.075	0.187	0.209	0.246
	破布	kg	0.166	0.166	0.254	0.441	0.651	0.772
	钙基润滑脂	kg	0.206	0.567	0.721	0.927	1.326	1.566
	机油	kg	0.624	0.885	1.124	1.560	1.906	2.237
	煤油	kg	0.804	0.964	1.285	2.678	3.550	4.177
	汽油(综合)	kg	0.208	0.312	0.416	0.624	0.653	0.770
	其他材料费	%	3.000	3.000	3.000	3.000	3.000	3.000
机械	汽车式起重机 8t	台班	—	—	—	0.425	—	—
	汽车式起重机 16t	台班	—	—	—	—	0.425	0.425
	载重汽车 8t	台班	—	—	—	—	0.425	0.425
	叉式起重机 5t	台班	0.085	0.170	0.255	0.255	0.383	0.425
	电动单筒慢速卷扬机 50kN	台班	—	—	—	—	1.148	1.275
	直流弧焊机 20kV·A	台班	0.085	0.085	0.170	0.340	0.383	0.425
	电焊条烘干箱 45×35×45(cm)	台班	0.009	0.009	0.017	0.034	0.038	0.043

7. 污泥造粒脱水机

工作内容：开箱检点、基础划线、场内运输、安装就位、一次灌浆、找平找正、附件安装、加油、试运转。

计量单位：台

定 额 编 号			6-2-264	6-2-265	6-2-266	6-2-267
项　　目			鼓径（m 以内）			
			1	2	3	3.5
名　　称		单位	消　耗　量			
人工	合计工日	工日	20.200	20.200	36.400	43.790
	其中 普工	工日	4.040	4.040	7.280	8.758
	一般技工	工日	14.140	14.140	25.480	30.653
	高级技工	工日	2.020	2.020	3.640	4.379
材料	钢板 $\delta 3 \sim 10$	kg	3.200	6.400	12.400	18.600
	镀锌铁丝 $\phi 2.5 \sim 1.4$	kg	2.000	2.000	2.000	2.000
	枕木 $2000 \times 250 \times 200$	根	0.200	0.300	0.400	0.500
	水泥 P.O 42.5	kg	26.000	42.000	56.000	78.000
	砂子（中砂）	m³	0.050	0.078	0.104	0.130
	碎石 10	m³	0.075	0.105	0.135	0.165
	棉纱头	kg	1.000	1.000	1.500	2.000
	低碳钢焊条 J422（综合）	kg	0.400	0.500	0.600	0.700
	平垫铁 Q195 ~ Q235 1#	块	4.080	4.080	4.080	4.080
	斜垫铁 Q195 ~ Q235 1#	块	8.160	8.160	8.160	8.160
	氧气	m³	1.200	1.400	1.600	1.800
	乙炔气	kg	0.400	0.467	0.533	0.600
	破布	kg	1.000	1.000	1.500	2.000
	钙基润滑脂	kg	1.000	1.000	1.500	1.500
	机油 5# ~ 7#	kg	1.000	1.500	2.000	2.000
	煤油	kg	3.000	4.500	6.000	6.000
机械	汽车式起重机 8t	台班	0.297	0.391	0.527	0.587
	电动双筒快速卷扬机 30kN	台班	0.196	0.255	0.323	0.340
	直流弧焊机 32kV·A	台班	0.088	0.109	0.131	0.152
	电焊条烘干箱 45 × 35 × 45（cm）	台班	0.009	0.011	0.013	0.015

二十六、污泥浓缩机

1. 转鼓式污泥浓缩机

工作内容：开箱点件，基础划线，场内运输，设备吊装，一次灌浆，精平组装，附件组装、清洗、检查、加油，无负荷试运转。

计量单位：台

定 额 编 号				6-2-268	6-2-269	6-2-270	6-2-271	6-2-272
项　　目				处理量（m³/小时以内）				
				10	20	30	50	100
名　　称			单位	消　耗　量				
人工	合计工日		工日	5.330	8.350	9.600	12.970	17.980
	其中	普工	工日	1.066	1.670	1.920	2.594	3.596
		一般技工	工日	3.731	5.845	6.720	9.079	12.586
		高级技工	工日	0.533	0.835	0.960	1.297	1.798
材料	热轧薄钢板 δ1.6~1.9		kg	0.318	0.424	0.424	0.424	0.477
	木板 δ25		m³	0.006	0.009	0.009	0.012	0.020
	水泥 P.O 42.5		kg	50.764	67.442	67.449	85.043	128.821
	砂子（粗砂）		m³	0.090	0.118	0.118	0.149	0.225
	碎石（综合）		m³	0.098	0.130	0.130	0.162	0.247
	棉纱头		kg	0.141	0.167	0.167	0.267	0.389
	低碳钢焊条 J422 φ4.0		kg	0.139	0.208	0.208	0.266	0.393
	平垫铁 Q195~Q235 1#		块	4.080	4.080	4.080	4.080	4.080
	斜垫铁 Q195~Q235 1#		块	8.160	8.160	8.160	8.160	8.160
	氧气		m³	0.224	0.224	0.224	0.230	0.290
	乙炔气		kg	0.075	0.075	0.075	0.266	0.347
	破布		kg	0.166	0.166	0.166	0.428	0.536
	钙基润滑脂		kg	0.206	0.567	0.567	0.721	0.927
	机油		kg	0.624	0.885	0.885	1.112	1.391
	煤油		kg	0.804	0.964	0.964	1.907	2.678
	汽油（综合）		kg	0.208	0.312	0.312	0.418	0.515
	其他材料费		%	3.000	3.000	3.000	3.000	3.000
机械	叉式起重机 5t		台班	0.085	0.170	0.196	0.255	0.340
	直流弧焊机 20kV·A		台班	0.085	0.085	0.098	0.170	0.255
	电焊条烘干箱 45×35×45(cm)		台班	0.009	0.009	0.010	0.002	0.026

2.离心式污泥浓缩机

工作内容:开箱点件,基础划线,场内运输,设备吊装,一次灌浆,精平组装,附件组装、
清洗、检查、加油,无负荷试运转。

计量单位:台

定额编号			6-2-273	6-2-274	6-2-275	6-2-276	6-2-277
项 目			处理量(m³/小时以内)				
			10	20	30	50	100
名 称		单位	消 耗 量				
人工	合计工日	工日	9.180	14.280	17.980	22.720	33.020
	其中 普工	工日	1.836	2.856	3.596	4.544	6.604
	一般技工	工日	6.426	9.996	12.586	15.904	23.114
	高级技工	工日	0.918	1.428	1.798	2.272	3.302
材料	热轧薄钢板 δ1.6~1.9	kg	0.424	0.424	0.477	0.530	0.636
	镀锌铁丝 φ4.0~2.8	kg	0.808	0.808	1.212	1.212	2.151
	木板 δ25	m³	0.009	0.012	0.020	0.026	0.042
	厚漆	kg	0.308	0.410	0.513	0.564	0.718
	水泥 P.O 42.5	kg	67.449	85.043	128.821	164.613	221.155
	砂子(粗砂)	m³	0.118	0.149	0.225	0.290	0.400
	碎石(综合)	m³	0.130	0.162	0.247	0.317	0.427
	棉纱头	kg	0.167	0.211	0.267	0.300	0.389
	低碳钢焊条 J422 φ4.0	kg	0.208	0.266	0.393	0.485	0.660
	平垫铁 Q195~Q235 1#	块	4.080	4.080	4.080	4.080	4.080
	斜垫铁 Q195~Q235 1#	块	8.160	8.160	8.160	8.160	8.160
	氧气	m³	0.224	0.224	0.449	0.561	0.693
	乙炔气	kg	0.075	0.075	0.150	0.187	0.246
	破布	kg	0.166	0.254	0.331	0.441	0.662
	钙基润滑脂	kg	0.408	0.721	0.927	0.927	1.329
	机油	kg	0.885	1.124	1.405	1.560	1.873
	煤油	kg	0.964	1.285	1.928	2.678	3.641
	汽油(综合)	kg	0.312	0.416	0.520	0.624	0.708
	其他材料费	%	3.000	3.000	3.000	3.000	3.000
机械	汽车式起重机 8t	台班	—	—	—	0.425	—
	汽车式起重机 12t	台班	—	—	—	—	0.404
	载重汽车 8t	台班	—	—	—	—	0.404
	叉式起重机 5t	台班	0.187	0.281	0.340	0.255	—
	电动单筒快速卷扬机 30kN	台班	—	—	—	—	0.808
	直流弧焊机 20kV·A	台班	0.094	0.187	0.255	0.340	0.404
	电焊条烘干箱 45×35×45(cm)	台班	0.009	0.019	0.026	0.034	0.040

3. 螺压式污泥浓缩机

工作内容: 开箱点件,基础划线,场内运输,设备吊装,一次灌浆,精平组装,附件组装、清洗、检查、加油,无负荷试运转。

计量单位:台

定额编号			6-2-278	6-2-279	6-2-280	6-2-281	6-2-282
项　目			处理量(m³/小时以内)				
			10	20	30	50	100
名　称		单位	消　耗　量				
人工	合计工日	工日	16.180	20.440	23.500	31.290	41.920
	其中 普工	工日	3.236	4.088	4.700	6.258	8.384
	一般技工	工日	11.326	14.308	16.450	21.903	29.344
	高级技工	工日	1.618	2.044	2.350	3.129	4.192
材料	热轧薄钢板 δ1.6~1.9	kg	0.477	0.530	0.530	0.636	0.742
	镀锌铁丝 φ4.0~2.8	kg	1.212	1.212	1.212	2.151	4.040
	木板 δ25	m³	0.020	0.026	0.026	0.042	0.059
	厚漆	kg	0.513	0.564	0.564	0.718	0.841
	水泥 P.O 42.5	kg	51.765	67.442	67.442	85.048	130.847
	砂子(粗砂)	m³	0.090	0.118	0.118	0.149	0.230
	碎石(综合)	m³	0.098	0.130	0.130	0.162	0.252
	棉纱头	kg	0.265	0.300	0.300	0.389	0.444
	低碳钢焊条 J422 φ4.0	kg	0.393	0.485	0.485	0.682	0.682
	平垫铁 Q195~Q235 1#	块	4.080	4.080	4.080	4.080	4.080
	斜垫铁 Q195~Q235 1#	块	8.160	8.160	8.160	8.160	8.160
	氧气	m³	0.449	0.561	0.561	0.740	0.740
	乙炔气	kg	0.150	0.187	0.187	0.246	0.246
	破布	kg	0.336	0.441	0.441	0.662	0.772
	钙基润滑脂	kg	0.728	0.927	0.927	1.327	1.566
	机油	kg	1.405	1.560	1.560	1.873	2.237
	煤油	kg	1.930	2.678	2.678	3.641	4.177
	汽油(综合)	kg	0.520	0.624	0.624	0.708	0.770
	其他材料费	%	3.000	3.000	3.000	3.000	3.000
机械	汽车式起重机 8t	台班	—	0.425	0.468	—	—
	汽车式起重机 12t	台班	—	—	—	0.383	0.410
	载重汽车 8t	台班	—	—	—	0.383	0.383
	叉式起重机 5t	台班	0.340	0.255	0.281	—	—
	电动单筒慢速卷扬机 50kN	台班	—	—	—	0.765	1.148
	直流弧焊机 20kV·A	台班	0.255	0.340	0.374	0.383	0.383
	电焊条烘干箱 45×35×45(cm)	台班	0.026	0.034	0.037	0.038	0.038

二十七、污泥浓缩脱水一体机

1.带式浓缩脱水一体机

工作内容:开箱点件,基础划线,场内运输,设备吊装,一次灌浆,精平组装,附件组装、清洗、检查、加油,无负荷试运转。

计量单位:台

定 额 编 号			6-2-283	6-2-284	6-2-285
项 目			带宽(m 以内)		
			1	2	3
名 称		单位	消 耗 量		
人工	合计工日	工日	27.885	37.202	42.779
	其中 普工	工日	5.576	7.441	8.556
	一般技工	工日	19.520	26.041	29.945
	高级技工	工日	2.789	3.720	4.278
材料	钢板(综合)	kg	13.144	23.744	23.744
	镀锌铁丝 ϕ3.5	kg	3.535	4.545	4.545
	枕木 2000×250×200	根	0.420	0.840	0.840
	棉纱头	kg	2.525	4.545	4.545
	低合金钢焊条 E43 系列	kg	0.990	1.210	1.210
	平垫铁 Q195~Q235 1#	块	6.120	6.120	6.120
	斜垫铁 Q195~Q235 1#	块	12.240	12.240	12.240
	氧气	m³	0.990	1.320	1.320
	乙炔气	kg	0.330	0.440	0.440
	破布	kg	2.625	4.725	4.725
	砂布	张	8.400	12.600	12.600
	机油 5#~7#	kg	4.120	6.180	6.180
	煤油	kg	10.200	12.240	12.240
	其他材料费	%	2.000	2.000	2.000
机械	电动单筒慢速卷扬机 30kN	台班	0.900	1.560	1.790
	直流弧焊机 32kV·A	台班	0.230	0.290	0.330
	电焊条烘干箱 45×35×45(cm)	台班	0.023	0.029	0.033

2. 转鼓式浓缩脱水一体机

工作内容：开箱检点、基础划线、场内运输、设备吊装、安装就位、找平找正、一次灌浆、
加油、试运转。

计量单位：台

	定 额 编 号		6-2-286	6-2-287	6-2-288
	项 目		带宽（m 以内）		
			1	2	3
	名 称	单位	消 耗 量		
人工	合计工日	工日	27.885	37.202	42.779
	其中 普工	工日	5.576	7.441	8.556
	一般技工	工日	19.520	26.041	29.945
	高级技工	工日	2.789	3.720	4.278
材料	钢板（综合）	kg	13.144	23.744	23.744
	镀锌铁丝 $\phi 3.5$	kg	3.535	4.545	4.545
	枕木 $2000 \times 250 \times 200$	根	0.420	0.840	0.840
	棉纱头	kg	2.525	4.545	4.545
	低碳钢焊条 J422（综合）	kg	0.990	1.210	1.210
	平垫铁 Q195～Q235 1#	块	4.080	4.080	4.080
	斜垫铁 Q195～Q235 1#	块	8.160	8.160	8.160
	氧气	m³	0.990	1.320	1.320
	乙炔气	kg	0.330	0.440	0.440
	砂布	张	8.400	12.600	12.600
	破布	kg	2.625	4.725	4.725
	钙基润滑脂	kg	1.020	2.040	2.040
	机油 5#～7#	kg	4.120	6.180	6.180
	煤油	kg	10.200	12.240	12.240
	其他材料费	%	3.000	3.000	3.000
机械	电动单筒慢速卷扬机 30kN	台班	0.900	1.560	1.790
	直流弧焊机 32kV·A	台班	0.230	0.290	0.330
	电焊条烘干箱 45×35×45（cm）	台班	0.023	0.029	0.033

二十八、污泥输送机

1. 螺旋输送机

工作内容: 开箱点件,基础划线,场内运输,设备吊装,一次灌浆,精平组装,附件组装、清洗、检查、加油,无负荷试运转。

计量单位:台

定额编号			6-2-289	6-2-290	6-2-291	6-2-292
项 目			螺旋直径(mm 以内)			
			300		600	
			基本输送长度(m)			
			3	每增加2	3	每增加2
名 称		单位	消 耗 量			
人工	合计工日	工日	5.890	0.880	7.850	1.178
	其中 普工	工日	1.178	0.176	1.570	0.235
	一般技工	工日	4.123	0.616	5.495	0.825
	高级技工	工日	0.589	0.088	0.785	0.118
材料	热轧薄钢板 δ0.5~0.65	kg	0.140	0.021	0.225	0.034
	镀锌铁丝 φ4.0~2.8	kg	0.981	0.147	1.471	0.221
	木板 δ25	m³	0.003	0.001	0.011	0.002
	厚漆	kg	0.240	0.036	0.325	0.049
	水泥 P.O 42.5	kg	15.225	2.284	20.300	3.045
	砂子(粗砂)	m³	0.027	0.004	0.034	0.005
	碎石(综合)	m³	0.027	0.004	0.041	0.006
	低碳钢焊条 J422 φ4.0	kg	0.231	0.035	0.315	0.047
	平垫铁 Q195~Q235 1#	块	4.080	4.080	4.080	4.080
	斜垫铁 Q195~Q235 1#	块	8.160	8.160	8.160	8.160
	破布	kg	0.524	—	0.710	—
	钙基润滑脂	kg	0.653	0.098	0.957	0.144
	机油	kg	0.435	0.065	0.606	0.091
	煤油	kg	1.446	0.217	1.846	0.277
	汽油(综合)	kg	0.329	0.050	0.505	0.076
机械	叉式起重机 5t	台班	0.100	0.015	0.136	0.020
	直流弧焊机 32kV·A	台班	0.170	0.026	0.272	0.041
	电焊条烘干箱 45×35×45(cm)	台班	0.017	0.003	0.027	0.004

2.带式(胶带、皮带)输送机

工作内容:开箱点件,基础划线,场内运输,设备吊装,一次灌浆,精平组装,附件组装、清洗、检查、加油,无负荷试运转。

计量单位:台

定 额 编 号			6-2-293	6-2-294	6-2-295	6-2-296	6-2-297	6-2-298
项 目			带宽(mm 以内)					
			500		800		1200	
			基本长度(m)					
			3	每增加 2	3	每增加 2	3	每增加 2
名 称		单位	消 耗 量					
人工	合计工日	工日	8.420	1.263	10.700	1.605	12.700	1.905
	其中 普工	工日	1.684	0.253	2.140	0.320	2.540	0.380
	一般技工	工日	5.894	0.884	7.490	1.124	8.890	1.334
	高级技工	工日	0.842	0.126	1.070	0.161	1.270	0.191
材料	热轧薄钢板 $\delta 0.5 \sim 0.65$	kg	0.500	0.075	0.810	0.122	1.100	0.165
	枕木	m³	0.003	—	0.003	—	0.003	—
	木板 $\delta 25$	m³	0.004	0.001	0.004	0.001	0.005	0.001
	水泥 P.O 42.5	kg	17.400	2.610	17.400	2.610	17.400	2.610
	砂子(粗砂)	m³	0.030	0.004	0.030	0.004	0.030	0.004
	碎石(综合)	m³	0.032	0.005	0.032	0.005	0.032	0.005
	棉纱头	kg	0.126	—	0.167	—	0.217	—
	低碳钢焊条 J422 $\phi 4.0$	kg	0.792	0.119	1.422	0.213	1.848	0.277
	镀锌铁丝 $\phi 4.0 \sim 2.8$	kg	0.784	0.118	0.784	0.118	0.784	0.118
	平垫铁 Q195 ~ Q235 1#	块	4.080	2.040	4.080	2.040	4.080	2.040
	斜垫铁 Q195 ~ Q235 1#	块	8.160	4.080	8.160	4.080	8.160	4.080
	氧气	m³	1.310	0.196	1.579	0.237	2.020	0.303
	乙炔气	kg	0.437	0.065	0.526	0.079	0.673	0.101
	破布	kg	0.601	—	0.716	—	0.836	—
	钙基润滑脂	kg	1.031	0.154	1.835	0.275	3.101	0.465
	机油	kg	0.865	0.130	1.125	0.169	1.535	0.230
	煤油	kg	1.560	0.234	1.768	0.265	2.392	0.358
	汽油 (综合)	kg	0.276	0.042	0.386	0.057	0.517	0.077
机械	汽车式起重机 12t	台班	—	—	0.128	0.019	0.136	0.020
	载重汽车 8t	台班	—	—	0.085	0.013	0.010	0.002
	叉式起重机 5t	台班	0.150	0.023	0.128	0.019	0.136	0.020
	直流弧焊机 32kV·A	台班	0.286	0.043	0.425	0.064	0.425	0.064
	电焊条烘干箱 45×35×45(cm)	台班	0.029	0.043	0.043	0.006	0.043	0.006

二十九、污泥切割机

工作内容:开箱点件,基础划线,场内运输,设备吊装,一次灌浆,精平组装,附件组装、清洗、检查、加油,无负荷试运转。

计量单位:台

定额编号				6-2-299
项目				污泥切割机
名称			单位	消耗量
人工	合计工日		工日	8.426
	其中	普工	工日	1.685
		一般技工	工日	5.898
		高级技工	工日	0.843
材料	热轧薄钢板 δ1.6~1.9		kg	0.382
	镀锌铁丝 φ4.0~2.8		kg	0.727
	木板		m³	0.009
	铅油(厚漆)		kg	0.277
	水泥 P.O 42.5		kg	60.698
	砂子		m³	0.106
	碎石(综合)		m³	0.117
	棉纱头		kg	0.150
	低碳钢焊条 J422 φ4.0		kg	0.187
	平垫铁 Q195~Q235 1#		块	4.080
	斜垫铁 Q195~Q235 1#		块	8.160
	氧气		m³	0.202
	乙炔气		kg	0.067
	破布		kg	0.149
	钙基润滑脂		kg	0.510
	汽油(综合)		kg	0.281
	煤油		kg	0.868
	机油		kg	0.796
机械	叉式起重机 5t		台班	0.153
	直流弧焊机 20kV·A		台班	0.077
	电焊条烘干箱 45×35×45(cm)		台班	0.008

三十、闸 门

1. 铸铁圆闸门

工作内容: 开箱点件,基础划线,场内运输,闸门安装,找平,找正,试漏,试运转。 计量单位:座

定额编号			6-2-300	6-2-301	6-2-302	6-2-303	6-2-304	6-2-305
项 目			直径(mm 以内)					
			300	400	500	600	800	900
名 称		单位	消 耗 量					
人工	合计工日	工日	7.414	8.230	8.619	9.302	10.610	11.547
	其中 普工	工日	1.483	1.646	1.724	1.861	2.122	2.309
	一般技工	工日	5.190	5.761	6.033	6.511	7.427	8.083
	高级技工	工日	0.741	0.823	0.862	0.930	1.061	1.155
材料	钢板 δ3~10	kg	14.920	14.920	14.920	14.920	14.920	14.920
	镀锌铁丝 φ3.5	kg	1.961	1.961	1.961	1.961	1.961	1.961
	板枋材	m³	0.005	0.006	0.007	0.007	0.008	0.009
	枕木 2000×250×200	根	0.100	0.100	0.100	0.100	0.100	0.100
	膨胀水泥	kg	12.000	20.000	26.000	31.000	40.000	49.000
	砂子(中粗砂)	m³	0.020	0.030	0.040	0.050	0.059	0.069
	碎石 10	m³	0.020	0.030	0.040	0.050	0.070	0.080
	棉纱	kg	0.150	0.200	0.250	0.250	0.250	0.250
	合金钢焊条	kg	0.130	0.130	0.180	0.240	0.240	0.240
	平垫铁 Q195~Q235 1#	块	4.080	4.080	4.080	6.120	6.120	6.120
	斜垫铁 Q195~Q235 1#	块	8.160	8.160	8.160	12.240	12.240	12.240
	氧气	m³	0.850	0.850	0.850	0.850	0.850	0.850
	乙炔气	kg	0.283	0.283	0.283	0.283	0.283	0.283
	破布	kg	0.156	0.208	0.260	0.260	0.260	0.260
	钙基润滑脂	kg	0.291	0.389	0.437	0.486	0.583	0.631
	机油 5#~7#	kg	0.100	0.100	0.100	0.150	0.200	0.200
	煤油	kg	0.198	0.297	0.396	0.446	0.594	0.693
	其他材料费	%	3.000	3.000	3.000	3.000	3.000	3.000
机械	汽车式起重机 8t	台班	0.088	0.088	0.088	0.150	0.168	0.221
	载重汽车 5t	台班	—	—	—	0.045	0.054	0.054
	直流弧焊机 32kV·A	台班	0.026	0.026	0.036	0.049	0.049	0.049
	电焊条烘干箱 45×35×45(cm)	台班	0.003	0.003	0.004	0.005	0.005	0.005

工作内容:开箱点件,基础划线,场内运输,闸门安装,找平,找正,试漏,试运转。　　　　　　计量单位:座

定　额　编　号			6-2-306	6-2-307	6-2-308	6-2-309	6-2-310	6-2-311
项　　　目			直径(mm 以内)					
			1000	1200	1400	1600	1800	2000
名　　　称		单位	消　耗　量					
人工	合计工日	工日	12.719	13.865	21.630	27.993	32.858	39.240
	其中 普工	工日	2.543	2.772	4.326	5.599	6.571	7.848
	一般技工	工日	8.904	9.706	15.141	19.595	23.001	27.468
	高级技工	工日	1.272	1.387	2.163	2.799	3.286	3.924
材料	钢板 $\delta 3 \sim 10$	kg	14.920	14.920	23.720	23.720	23.720	23.720
	镀锌铁丝 $\phi 3.5$	kg	1.961	1.961	1.961	1.961	1.961	1.961
	板枋材	m^3	0.010	0.011	0.013	0.015	0.017	0.019
	枕木 $2000 \times 250 \times 200$	根	0.100	0.100	0.100	0.120	0.120	0.120
	膨胀水泥	kg	58.000	76.000	123.000	131.000	163.000	261.000
	砂子(中粗砂)	m^3	0.089	0.119	0.208	0.208	0.257	0.406
	碎石 10	m^3	0.100	0.130	0.230	0.230	0.281	0.510
	棉纱	kg	0.300	0.300	0.300	0.350	0.350	0.400
	合金钢焊条	kg	0.360	0.360	0.501	0.501	1.030	1.030
	平垫铁 Q195 ~ Q235 1#	块	8.160	8.160	10.200	10.200	10.200	12.240
	斜垫铁 Q195 ~ Q235 1#	块	16.320	16.320	20.400	20.400	20.400	24.480
	氧气	m^3	0.850	0.850	0.980	0.980	0.980	0.980
	乙炔气	kg	0.283	0.283	0.327	0.327	0.327	0.327
	破布	kg	0.312	0.312	0.312	0.364	0.364	0.416
	钙基润滑脂	kg	0.680	0.777	0.874	0.971	1.069	1.166
	机油 5# ~ 7#	kg	0.250	0.300	0.350	0.400	0.450	0.500
	煤油	kg	0.743	0.891	1.040	1.188	1.337	1.485
	其他材料费	%	3.000	3.000	3.000	3.000	3.000	3.000
机械	汽车式起重机 8t	台班	0.221	0.310	0.310	0.310	0.088	0.088
	汽车式起重机 12t	台班	—	—	—	—	0.336	0.310
	载重汽车 5t	台班	0.054	0.072	0.072	0.072	0.090	0.090
	直流弧焊机 32kV·A	台班	0.072	0.072	0.101	0.101	0.208	0.208
	电焊条烘干箱 45×35×45(cm)	台班	0.007	0.007	0.010	0.010	0.021	0.021

2. 铸铁方闸门

工作内容:开箱点件,基础划线,场内运输,闸门安装,找平,找正,试漏,试运转。　　　　　　　　　计量单位:座

定 额 编 号			6-2-312	6-2-313	6-2-314	6-2-315	6-2-316	6-2-317
项　　目			长×宽(mm 以内)					
			300×300	400×400	500×500	600×600	800×800	1000×1000
名　　称		单位	消　耗　量					
人工	合计工日	工日	8.374	9.676	10.603	11.190	12.284	15.462
	其中 普工	工日	1.675	1.935	2.121	2.238	2.457	3.092
	一般技工	工日	5.862	6.773	7.422	7.833	8.599	10.824
	高级技工	工日	0.837	0.968	1.060	1.119	1.228	1.546
材料	镀锌铁丝 ϕ3.5	kg	1.961	1.961	1.961	1.961	1.961	1.961
	板枋材	m³	0.008	0.010	0.012	0.012	0.014	0.021
	枕木 2000×250×200	根	0.100	0.100	0.100	0.100	0.100	0.250
	膨胀水泥	kg	35.000	49.000	58.000	67.000	84.000	145.000
	砂子(中粗砂)	m³	0.059	0.079	0.099	0.119	0.129	0.218
	碎石 10	m³	0.060	0.080	0.100	0.120	0.130	0.250
	棉纱	kg	0.250	0.250	0.250	0.250	0.250	0.300
	合金钢焊条	kg	0.080	0.130	0.160	0.200	0.240	0.360
	平垫铁 Q195～Q235 1#	块	4.080	4.080	6.120	6.120	8.160	8.160
	斜垫铁 Q195～Q235 1#	块	8.160	8.160	12.240	12.240	16.320	16.320
	破布	kg	0.260	0.260	0.260	0.260	0.260	0.312
	钙基润滑脂	kg	0.291	0.389	0.437	0.486	0.583	1.166
	机油 5#～7#	kg	0.100	0.150	0.180	0.200	0.200	0.250
	煤油	kg	0.297	0.396	0.446	0.495	0.594	0.743
	其他材料费	%	3.000	3.000	3.000	3.000	3.000	3.000
机械	汽车式起重机 8t	台班	0.088	0.088	0.097	0.097	0.150	0.150
	载重汽车 5t	台班	—	—	—	—	0.045	0.045
	直流弧焊机 32kV·A	台班	0.017	0.026	0.032	0.040	0.049	0.072
	电焊条烘干箱 45×35×45(cm)	台班	0.002	0.003	0.003	0.004	0.005	0.007

工作内容: 开箱点件,基础划线,场内运输,闸门安装,找平,找正,试漏,试运转。　　　　　　计量单位:座

定额编号			6-2-318	6-2-319	6-2-320	6-2-321	6-2-322
项　目			长 × 宽(mm 以内)				
			1200 × 1200	1400 × 1400	1600 × 1600	1800 × 1800	2000 × 2000
名　称		单位	消　耗　量				
人工	合计工日	工日	18.337	20.398	23.798	27.338	30.022
	其中 普工	工日	3.667	4.079	4.759	5.468	6.005
	一般技工	工日	12.836	14.279	16.659	19.136	21.015
	高级技工	工日	1.834	2.040	2.380	2.734	3.002
材料	镀锌铁丝 φ3.5	kg	1.961	1.961	1.961	1.961	1.961
	板枋材	m³	0.028	0.033	0.038	0.043	0.048
	枕木 2000 × 250 × 200	根	0.250	0.250	0.400	0.400	0.400
	膨胀水泥	kg	211.000	254.000	299.000	354.000	408.000
	砂子(中粗砂)	m³	0.327	0.396	0.495	0.594	0.693
	碎石 10	m³	0.370	0.440	0.600	0.700	0.800
	棉纱	kg	0.300	0.350	0.400	0.450	0.500
	合金钢焊条	kg	0.360	0.360	0.480	0.480	0.480
	平垫铁 Q195 ~ Q235 1#	块	8.160	8.160	10.200	10.200	10.200
	斜垫铁 Q195 ~ Q235 1#	块	16.320	16.320	20.400	20.400	20.400
	破布	kg	0.312	0.364	0.416	0.468	0.520
	钙基润滑脂	kg	1.263	1.360	1.457	1.554	1.651
	机油 5# ~ 7#	kg	0.300	0.350	0.400	0.450	0.500
	煤油	kg	0.891	1.089	1.188	1.386	1.584
	其他材料费	%	3.000	3.000	3.000	3.000	3.000
机械	汽车式起重机 8t	台班	0.150	0.221	0.062	0.071	0.071
	汽车式起重机 12t	台班	—	—	0.159	0.239	0.239
	载重汽车 5t	台班	0.045	0.054	0.054	0.072	0.072
	直流弧焊机 32kV·A	台班	0.072	0.072	0.097	0.097	0.097
	电焊条烘干箱 45 × 35 × 45(cm)	台班	0.007	0.007	0.010	0.010	0.010

3.钢 制 闸 门

工作内容:开箱点件,基础划线,场内运输,闸门安装,找平,找正,试漏,试运转。 计量单位:座

定 额 编 号			6-2-323	6-2-324	6-2-325	6-2-326	6-2-327
项 目			进水口长×宽(mm 以内)				
			1000×800	1800×1600	2000×1200	2500×1800	2500×2000
名 称		单位	消 耗 量				
人工	合计工日	工日	6.804	10.425	9.536	14.573	18.091
	其中 普工	工日	1.361	2.084	1.907	2.915	3.618
	一般技工	工日	4.763	7.298	6.675	10.201	12.664
	高级技工	工日	0.680	1.043	0.954	1.457	1.809
材料	镀锌铁丝 $\phi3.5$	kg	1.471	1.961	1.961	1.961	1.961
	板枋材	m³	0.008	0.010	0.010	0.012	0.012
	枕木 2000×250×200	根	0.050	0.080	0.100	0.120	0.120
	水泥 P.O 42.5	kg	8.000	14.600	16.400	19.800	23.600
	砂子(中粗砂)	m³	0.010	0.020	0.025	0.030	0.040
	碎石 10	m³	0.020	0.030	0.035	0.040	0.050
	棉纱	kg	0.200	0.300	0.300	0.300	0.350
	合金钢焊条	kg	1.200	1.600	1.600	1.800	1.800
	平垫铁 Q195~Q235 1#	块	4.080	4.080	4.080	4.080	4.080
	斜垫铁 Q195~Q235 1#	块	8.160	8.160	8.160	8.160	8.160
	破布	kg	0.208	0.312	0.312	0.312	0.364
	钙基润滑脂	kg	0.971	0.971	0.971	0.971	0.971
	机油 5#~7#	kg	0.200	0.300	0.300	0.300	0.300
	煤油	kg	0.198	0.594	0.594	0.594	0.594
	其他材料费	%	3.000	3.000	3.000	3.000	3.000
机械	汽车式起重机 8t	台班	0.088	0.150	0.150	0.150	0.221
	载重汽车 5t	台班	—	0.045	0.045	0.045	0.054
	直流弧焊机 32kV·A	台班	0.242	0.323	0.323	0.363	0.363
	电焊条烘干箱 45×35×45(cm)	台班	0.024	0.032	0.032	0.036	0.036

工作内容: 开箱点件,基础划线,场内运输,闸门安装,找平,找正,试漏,试运转。 计量单位:座

定 额 编 号			6-2-328	6-2-329	6-2-330	6-2-331	6-2-332
项 目			进水口长×宽(mm 以内)				
			2500×2200	4000×1200	3000×2000	3000×2500	3600×3000
名 称		单位	消 耗 量				
人工	合计工日	工日	20.729	18.333	23.979	26.377	30.057
	其中 普工	工日	4.146	3.667	4.796	5.275	6.011
	一般技工	工日	14.510	12.833	16.785	18.464	21.040
	高级技工	工日	2.073	1.833	2.398	2.638	3.006
材料	镀锌铁丝 φ3.5	kg	1.961	2.942	2.942	2.942	2.942
	板枋材	m³	0.012	0.016	0.018	0.018	0.020
	枕木 2000×250×200	根	0.120	0.200	0.200	0.200	0.200
	水泥 P.O 42.5	kg	28.400	36.600	42.400	44.600	50.800
	砂子(中粗砂)	m³	0.050	0.059	0.069	0.069	0.079
	碎石 10	m³	0.060	0.070	0.080	0.080	0.090
	棉纱	kg	0.400	0.500	0.600	0.600	0.700
	合金钢焊条	kg	1.800	2.000	2.000	2.000	2.000
	平垫铁 Q195~Q235 1#	块	4.080	6.120	6.120	6.120	6.120
	斜垫铁 Q195~Q235 1#	块	8.160	12.240	12.240	12.240	12.240
	破布	kg	0.416	0.520	0.624	0.624	0.728
	钙基润滑脂	kg	0.971	1.943	1.943	1.943	1.943
	机油 5#~7#	kg	0.300	0.400	0.400	0.400	0.400
	煤油	kg	0.594	0.792	0.792	0.792	0.792
	其他材料费	%	3.000	3.000	3.000	3.000	3.000
机械	汽车式起重机 8t	台班	0.221	0.221	0.221	0.221	0.071
	汽车式起重机 12t	台班	—	—	—	—	0.239
	载重汽车 5t	台班	0.054	0.054	0.054	0.054	0.072
	直流弧焊机 32kV·A	台班	0.363	0.404	0.404	0.404	0.404
	电焊条烘干箱 45×35×45(cm)	台班	0.036	0.040	0.040	0.040	0.040

4.叠 梁 闸 门

工作内容:开箱点件,基础划线,场内运输,闸门安装,找平,找正,试漏,试运转。 计量单位:座

定 额 编 号				6-2-333	6-2-334	6-2-335	6-2-336
项 目				渠道宽(m 以内)			
				1		2	
				门体基本高(m 以内)			
				1	每增加 0.5	1	每增加 0.5
名 称			单位	消 耗 量			
人 工	合计工日		工日	8.500	1.275	10.800	1.620
	其 中	普工	工日	1.700	0.254	2.160	0.324
		一般技工	工日	5.950	0.893	7.560	1.134
		高级技工	工日	0.850	0.128	1.080	0.162
材 料	镀锌铁丝 $\phi2.5\sim1.4$		kg	3.030	0.303	3.030	1.515
	木材(成材)		m³	0.026	0.014	0.026	0.026
	枕木 2000×200×200		根	0.053	—	0.053	—
	水泥 P.O 42.5		kg	14.280	7.140	15.300	7.650
	砂子(中砂)		m³	0.027	0.013	0.027	0.013
	碎石 10		m³	0.046	0.023	0.046	0.023
	低碳钢焊条 J422(综合)		kg	1.881	0.941	1.881	0.941
	破布		kg	0.263	—	0.315	—
机 械	汽车式起重机 8t		台班	0.087	0.013	0.087	0.013
	载重汽车 5t		台班	0.026	0.004	0.026	0.004
	直流弧焊机 32kV·A		台班	0.298	0.045	0.298	0.045
	电焊条烘干箱 45×35×45(cm)		台班	0.030	0.005	0.030	0.005

工作内容:开箱点件,基础划线,场内运输,闸门安装,找平,找正,试漏,试运转。 计量单位:座

定 额 编 号				6-2-337	6-2-338	6-2-339	6-2-340
项 目				渠道宽(m 以内)			
				3		4	
				门体基本高(m 以内)			
				1	每增加 0.5	1	每增加 0.5
名 称			单位	消 耗 量			
人 工	合计工日		工日	13.600	2.040	14.750	2.213
	其 中	普工	工日	2.720	0.408	2.950	0.443
		一般技工	工日	9.520	1.428	10.325	1.549
		高级技工	工日	1.360	0.204	1.475	0.221
材 料	镀锌铁丝 $\phi2.5\sim1.4$		kg	3.030	0.303	3.030	0.303
	木材(成材)		m³	0.026	0.014	0.026	0.014
	枕木 2000×200×200		根	0.053	0.005	0.053	0.005
	水泥 P.O 42.5		kg	16.320	8.160	19.380	9.690
	砂子(中砂)		m³	0.041	0.020	0.051	0.026
	碎石 10		m³	0.046	0.023	0.056	0.029
	低碳钢焊条 J422(综合)		kg	1.881	0.941	1.881	0.941
	破布		kg	0.368	—	0.525	—
机 械	汽车式起重机 8t		台班	0.128	0.019	0.036	0.540
	汽车式起重机 12t		台班	—	—	0.102	0.015
	载重汽车 5t		台班	0.031	0.005	0.031	0.005
	直流弧焊机 32kV·A		台班	0.298	0.045	0.298	0.045
	电焊条烘干箱 45×35×45(cm)		台班	0.030	0.005	0.030	0.005

三十一、旋　转　门

工作内容:开箱点件,基础划线,场内运输,闸门安装,找平,找正,试漏,试运转。　　　　　　　　**计量单位:**座

	定　额　编　号		6-2-341	6-2-342
	项　　目		长×宽(mm)	
			2600×3000	3500×3100
	名　　称	单位	消　耗　量	
人工	合计工日	工日	16.102	19.464
	其中 普工	工日	3.221	3.893
	一般技工	工日	11.271	13.625
	高级技工	工日	1.610	1.946
材料	钢板 δ3~10	kg	10.600	12.800
	镀锌铁丝 φ3.5	kg	2.942	2.942
	板枋材	m³	0.040	0.050
	膨胀水泥	kg	38.000	46.000
	砂子(中粗砂)	m³	0.069	0.079
	碎石 10	m³	0.070	0.080
	棉纱	kg	0.800	0.800
	合金钢焊条	kg	0.440	0.560
	平垫铁 Q195~Q235 1#	块	8.160	8.160
	斜垫铁 Q195~Q235 1#	块	16.320	16.320
	氧气	m³	1.200	1.500
	乙炔气	kg	0.400	0.500
	破布	kg	0.832	0.832
	钙基润滑脂	kg	1.943	1.943
	机油 5#~7#	kg	0.600	0.600
	煤油	kg	1.188	1.188
	其他材料费	%	3.000	3.000
机械	汽车式起重机 8t	台班	0.310	0.071
	汽车式起重机 12t	台班	—	0.239
	载重汽车 5t	台班	0.072	0.072
	直流弧焊机 32kV·A	台班	0.089	0.113
	电焊条烘干箱 45×35×45(cm)	台班	0.009	0.011

三十二、堰　门

1. 铸 铁 堰 门

工作内容:开箱点件,基础划线,场内运输,闸门安装,找平,找正,试漏,试运转。　　　　**计量单位:**座

定额编号			6-2-343	6-2-344	6-2-345	6-2-346	6-2-347
项　目			长×宽(mm)				
			400×300	600×300	800×400	1000×500	1200×600
名　称		单位	消　耗　量				
人工	合计工日	工日	6.095	7.180	8.762	10.154	11.577
	其中 普工	工日	1.220	1.436	1.753	2.031	2.315
	其中 一般技工	工日	4.266	5.026	6.133	7.108	8.104
	其中 高级技工	工日	0.609	0.718	0.876	1.015	1.158
材料	钢板 δ3~10	kg	6.140	6.140	6.140	7.990	7.990
	镀锌铁丝 φ3.5	kg	1.961	1.961	1.961	1.961	1.961
	板枋材	m³	0.023	0.023	0.025	0.031	0.031
	膨胀水泥	kg	9.000	9.000	18.000	27.000	35.000
	砂子(中粗砂)	m³	0.010	0.010	0.030	0.040	0.059
	碎石 10	m³	0.020	0.020	0.030	0.040	0.060
	棉纱	kg	0.200	0.250	0.300	0.350	0.400
	合金钢焊条	kg	0.130	0.130	0.130	0.240	0.240
	平垫铁 Q195~Q235 1#	块	8.160	8.160	8.160	12.240	12.240
	斜垫铁 Q195~Q235 1#	块	4.080	4.080	4.080	6.120	6.120
	氧气	m³	0.490	0.500	0.500	0.600	0.600
	乙炔气	kg	0.163	0.167	0.167	0.200	0.200
	破布	kg	0.208	0.260	0.312	0.364	0.416
	钙基润滑脂	kg	0.389	0.486	0.583	0.680	0.777
	机油 5#~7#	kg	0.100	0.150	0.200	0.250	0.300
	煤油	kg	0.297	0.446	0.594	0.743	0.891
	其他材料费	%	3.000	3.000	3.000	3.000	3.000
机械	汽车式起重机 8t	台班	0.088	0.088	0.088	0.088	0.150
	载重汽车 5t	台班	—	—	—	—	0.045
	直流弧焊机 32kV·A	台班	0.026	0.026	0.026	0.049	0.049
	电焊条烘干箱 45×35×45(cm)	台班	0.003	0.003	0.003	0.005	0.005

工作内容：开箱点件，基础划线，场内运输，闸门安装，找平，找正，试漏，试运转。 计量单位：座

定额编号			6-2-348	6-2-349	6-2-350	6-2-351	6-2-352
项　目			长×宽（mm）				
			1500×500	1800×500	2000×500	2000×1000	2000×1500
名　称		单位	消　耗　量				
人工	合计工日	工日	14.980	14.300	15.700	16.480	17.300
	其中　普工	工日	2.996	2.860	3.140	3.296	3.460
	一般技工	工日	10.486	10.010	10.990	11.536	12.110
	高级技工	工日	1.498	1.430	1.570	1.648	1.730
材料	钢板 δ3~10	kg	10.579	10.579	12.699	12.699	12.699
	镀锌铁丝 φ3.5	kg	2.020	2.020	2.020	2.020	2.020
	板枋材	m³	0.037	0.037	0.040	0.040	0.040
	膨胀水泥	kg	44.188	55.227	60.752	60.752	60.752
	砂子（中粗砂）	m³	0.080	0.102	0.114	0.114	0.114
	碎石 10	m³	0.080	0.102	0.114	0.114	0.114
	棉纱	kg	0.465	0.505	0.606	0.606	0.606
	低碳钢焊条 J422（综合）	kg	0.473	0.473	0.572	0.572	0.572
	平垫铁 Q195~Q235 1#	块	4.080	4.080	4.080	4.080	4.080
	斜垫铁 Q195~Q235 1#	块	8.160	8.160	8.160	8.160	8.160
	氧气	m³	0.770	0.880	1.056	1.056	1.056
	乙炔气	kg	0.253	0.286	0.352	0.352	0.352
	破布	kg	0.525	0.525	0.630	0.630	0.630
	钙基润滑脂	kg	0.918	0.918	1.020	1.020	1.020
	机油 5#~7#	kg	0.361	0.361	0.412	0.412	0.412
	煤油	kg	1.071	1.224	1.377	1.377	1.377
	其他材料费	%	3.000	3.000	3.000	3.000	3.000
机械	汽车式起重机 8t	台班	0.170	0.170	0.200	0.200	0.200
	载重汽车 5t	台班	0.050	0.050	0.060	0.060	0.060
	直流弧焊机 32kV·A	台班	0.090	0.090	0.108	0.108	0.108
	电焊条烘干箱 45×35×45(cm)	台班	0.009	0.009	0.011	0.011	0.011

2. 钢制调节堰门

工作内容：开箱点件,基础划线,场内运输,闸门安装,找平,找正,试漏,试运转。　　　　　　　　　　　计量单位:座

定 额 编 号			6-2-353	6-2-354	6-2-355	6-2-356
项 目			宽度(mm 以内)			
			2000	2500	3000	4000
名 称		单位	消 耗 量			
人工	合计工日	工日	12.108	14.262	17.632	20.840
	其中 普工	工日	2.421	2.853	3.527	4.168
	一般技工	工日	8.476	9.983	12.342	14.588
	高级技工	工日	1.211	1.426	1.763	2.084
材料	镀锌铁丝 φ3.5	kg	3.030	3.030	3.030	3.030
	板枋材	m³	0.026	0.026	0.026	0.026
	枕木 2000×200×200	根	0.053	0.053	0.053	0.053
	水泥 P.O 42.5	kg	14.280	15.300	16.320	19.380
	砂子(中粗砂)	m³	0.020	0.020	0.031	0.031
	碎石 10	m³	0.031	0.031	0.031	0.031
	棉纱	kg	0.253	0.303	0.354	0.505
	低碳钢焊条 J422 (综合)	kg	1.881	1.881	1.881	1.881
	平垫铁 Q195~Q235 1#	块	4.080	4.080	4.080	4.080
	斜垫铁 Q195~Q235 1#	块	8.160	8.160	8.160	8.160
	破布	kg	0.263	0.315	0.368	0.525
	钙基润滑脂	kg	1.020	1.020	1.020	1.020
	机油 5#~7#	kg	0.103	0.206	0.309	0.515
	煤油	kg	0.204	0.408	0.612	0.918
	其他材料费	%	3.000	3.000	3.000	3.000
机械	汽车式起重机 8t	台班	0.150	0.150	0.221	0.062
	汽车式起重机 12t	台班	—	—	—	0.177
	载重汽车 5t	台班	0.045	0.045	0.054	0.054
	直流弧焊机 32kV·A	台班	0.345	0.345	0.345	0.345
	电焊条烘干箱 45×35×45(cm)	台班	0.035	0.035	0.035	0.035

三十三、拍　　门

1. 玻璃钢圆形拍门

工作内容: 开箱点件,基础划线,场内运输,拍门安装,找平,找正,螺栓紧固,试运转。　　　　**计量单位:个**

定 额 编 号			6-2-357	6-2-358	6-2-359	6-2-360	6-2-361	6-2-362
项　目			公称直径(mm 以内)					
			DN300	DN600	DN900	DN1200	DN1500	DN1500 mm 以外
名　称		单位	消　耗　量					
人工	合计工日	工日	2.490	3.470	5.690	6.880	7.830	8.613
	其中 普工	工日	0.498	0.694	1.138	1.376	1.566	1.723
	一般技工	工日	1.743	2.429	3.983	4.816	5.481	6.029
	高级技工	工日	0.249	0.347	0.569	0.688	0.783	0.861
材料	石棉橡胶板 高压 δ1~6	kg	0.212	0.445	0.689	0.774	1.145	1.145
	低碳钢焊条 J422(综合)	kg	0.091	0.091	0.091	0.161	0.161	0.161
机械	汽车式起重机 8t	台班	0.007	0.020	0.044	0.078	0.089	0.142
	载重汽车 8t	台班	0.007	0.020	0.044	0.078	0.089	0.142
	吊装机械(综合)	台班	0.048	0.107	0.170	0.268	0.306	0.490
	直流弧焊机 20kV·A	台班	0.048	0.130	0.130	0.226	0.226	0.361
	电焊条烘干箱 45×35×45(cm)	台班	0.005	0.013	0.013	0.023	0.023	0.036

2. 铸铁圆形拍门

工作内容: 开箱点件,基础划线,场内运输,拍门安装,找平,找正,螺栓紧固,试运转。　　　　**计量单位:个**

定 额 编 号			6-2-363	6-2-364	6-2-365	6-2-366	6-2-367	6-2-368
项　目			公称直径(mm 以内)					
			DN300	DN600	DN900	DN1200	DN1500	DN1500 mm 以外
名　称		单位	消　耗　量					
人工	合计工日	工日	2.739	3.817	7.139	7.568	8.613	10.450
	其中 普工	工日	0.548	0.763	1.428	1.513	1.723	2.090
	一般技工	工日	1.917	2.672	4.997	5.298	6.029	7.315
	高级技工	工日	0.274	0.382	0.714	0.757	0.861	1.045
材料	低碳钢焊条 J422 φ3.2	kg	0.091	0.091	0.091	0.161	0.161	0.161
	石棉橡胶板 高压 δ1~6	kg	0.445	0.445	0.689	0.774	1.145	1.299
机械	汽车式起重机 8t	台班	0.008	0.031	0.070	0.124	0.142	0.166
	载重汽车 8t	台班	0.008	0.031	0.070	0.124	0.142	0.166
	吊装机械(综合)	台班	0.055	0.170	0.272	0.429	0.490	0.538
	直流弧焊机 20kV·A	台班	0.130	0.210	0.210	0.361	0.361	0.361
	电焊条烘干箱 45×35×45(cm)	台班	0.013	0.021	0.021	0.036	0.036	0.036

3. 碳钢圆形拍门

工作内容:开箱点件,基础划线,场内运输,拍门安装,找平,找正,螺栓紧固,试运转。　　计量单位:个

定 额 编 号			6-2-369	6-2-370	6-2-371	6-2-372	6-2-373	6-2-374
项 目			公称直径(mm 以内)					
			DN300	DN600	DN900	DN1200	DN1500	DN1500 mm 以外
名 称		单位	消 耗 量					
人工	合计工日	工日	2.739	3.817	7.139	7.568	8.613	10.450
	其中 普工	工日	0.548	0.763	1.428	1.513	1.723	2.090
	一般技工	工日	1.917	2.672	4.997	5.298	6.029	7.315
	高级技工	工日	0.274	0.382	0.714	0.757	0.861	1.045
材料	低碳钢焊条 J422(综合)	kg	0.091	0.091	0.091	0.161	0.161	0.161
	石棉橡胶板 高压 δ1~6	kg	0.445	0.445	0.689	0.774	1.145	1.299
机械	汽车式起重机 8t	台班	—	0.031	0.070	0.124	0.142	0.166
	载重汽车 8t	台班	—	0.031	0.070	0.124	0.142	0.166
	吊装机械(综合)	台班	—	0.170	0.272	0.429	0.490	0.538
	直流弧焊机 20kV·A	台班	—	0.210	0.210	0.361	0.361	0.361
	电焊条烘干箱 45×35×45(cm)	台班	—	0.021	0.021	0.036	0.036	0.036

4. 不锈钢圆形拍门

工作内容:开箱点件,基础划线,场内运输,拍门安装,找平,找正,螺栓紧固,试运转。　　计量单位:个

定 额 编 号			6-2-375	6-2-376	6-2-377	6-2-378	6-2-379	6-2-380
项 目			公称直径(mm 以内)					
			DN300	DN600	DN900	DN1200	DN1500	DN1500 mm 以外
名 称		单位	消 耗 量					
人工	合计工日	工日	2.739	3.817	7.139	7.568	8.613	10.450
	其中 普工	工日	0.548	0.763	1.428	1.513	1.723	2.090
	一般技工	工日	1.917	2.672	4.997	5.298	6.029	7.315
	高级技工	工日	0.274	0.382	0.714	0.757	0.861	1.045
材料	不锈钢焊条(综合)	kg	0.091	0.091	0.091	0.161	0.161	0.161
	石棉橡胶板 高压 δ1~6	kg	0.445	0.445	0.689	0.774	1.145	1.299
机械	汽车式起重机 8t	台班	—	0.031	0.070	0.124	0.142	0.166
	载重汽车 8t	台班	—	0.031	0.070	0.124	0.142	0.166
	吊装机械(综合)	台班	—	0.170	0.272	0.429	0.490	0.538
	直流弧焊机 20kV·A	台班	—	0.210	0.210	0.361	0.361	0.361
	电焊条烘干箱 45×35×45(cm)	台班	—	0.021	0.021	0.036	0.036	0.036

三十四、启 闭 机

工作内容：开箱点件，基础划线，场内运输，安装就位，找平，找正，检查，加油，无负荷
试运转。

计量单位：台

	定 额 编 号		6-2-381	6-2-382	6-2-383	6-2-384
	项 目		手摇式	手轮式	手电两用	汽动
	名 称	单位	消 耗 量			
人工	合计工日	工日	5.986	4.763	11.268	12.062
	其中 普工	工日	1.197	0.953	2.254	2.413
	一般技工	工日	4.190	3.334	7.887	8.443
	高级技工	工日	0.599	0.476	1.127	1.206
材料	钢板 δ3~10	kg	8.220	0.800	14.690	13.570
	热轧薄钢板 δ1.0~3	kg	—	—	0.800	0.800
	板枋材	m³	0.004	0.004	0.004	0.004
	水泥 P.O 42.5	kg	5.000	—	9.000	9.000
	砂子(中粗砂)	m³	0.010	—	0.020	0.020
	碎石 10	m³	0.010	—	0.020	0.020
	棉纱	kg	0.700	0.404	1.200	1.200
	合金钢焊条	kg	0.390	0.187	0.700	0.660
	氧气	m³	0.400	—	0.770	0.750
	乙炔气	kg	0.133	—	0.257	0.250
	破布	kg	0.728	0.420	1.248	1.248
	钙基润滑脂	kg	1.457	1.020	1.749	1.554
	机油 5#~7#	kg	0.200	0.206	0.400	0.400
	煤油	kg	0.891	0.612	1.485	1.485
	其他材料费	%	3.000	3.000	3.000	3.000
机械	汽车式起重机 8t	台班	0.088	0.088	0.150	0.150
	载重汽车 5t	台班	0.108	0.045	0.045	0.045
	直流弧焊机 32kV·A	台班	0.079	0.035	0.141	0.133
	电焊条烘干箱 45×35×45(cm)	台班	0.008	0.004	0.014	0.013

工作内容:开箱点件,基础划线,场内运输,安装就位,找平,找正,检查,加油,无负荷
　　　试运转。

计量单位:台

定 额 编 号			6-2-385	6-2-386
项 目			手摇式(双吊点)	电动式(双吊点)
名 称		单位	消 耗 量	
人工	合计工日	工日	10.000	12.000
	其中 普工	工日	2.000	2.400
	一般技工	工日	7.000	8.400
	高级技工	工日	1.000	1.200
材料	中厚钢板(综合)	t	0.110	0.110
	镀锌铁丝(综合)	kg	0.818	0.818
	木材(成材)	m³	0.021	0.021
	枕木	m³	0.032	0.032
	低合金钢焊条 E43 系列	kg	2.505	2.505
	氧气	m³	2.904	2.904
	乙炔气	m³	0.968	0.968
	黄油	kg	0.306	0.306
	机油	kg	0.834	0.834
	煤油	kg	2.050	2.050
机械	汽车式起重机 8t	台班	0.822	0.822
	载重汽车 5t	台班	0.045	0.045
	直流弧焊机 32kV·A	台班	0.455	0.455
	电焊条烘干箱 45×35×45(cm)	台班	0.046	0.046

三十五、升杆式铸铁泥阀

工作内容：开箱点件，基础划线，场内运输，闸门安装，找平，找正，试漏，试运转。　　　　计量单位：座

定额编号			6-2-387	6-2-388	6-2-389	6-2-390	6-2-391
项　目			公称直径（mm 以内）				
			DN100	DN200	DN300	DN400	DN500
名　称		单位	消　耗　量				
人工	合计工日	工日	3.740	4.187	4.792	5.443	6.485
	其中 普工	工日	0.748	0.837	0.958	1.089	1.298
	一般技工	工日	2.618	2.931	3.355	3.810	4.539
	高级技工	工日	0.374	0.419	0.479	0.544	0.648
材料	钢板 δ3～10	kg	0.800	0.900	1.010	1.110	1.230
	板枋材	m³	0.008	0.008	0.009	0.010	0.010
	水泥 P.O 42.5	kg	27.000	32.000	40.000	53.000	69.000
	砂子（中粗砂）	m³	0.040	0.050	0.059	0.079	0.089
	碎石 10	m³	0.040	0.060	0.070	0.090	0.100
	棉纱	kg	0.400	0.500	0.600	0.700	0.800
	合金钢焊条	kg	0.220	0.220	0.220	0.220	0.220
	氧气	m³	0.380	0.480	0.580	0.680	0.780
	乙炔气	kg	0.127	0.160	0.193	0.227	0.260
	破布	kg	0.416	0.520	0.624	0.728	0.832
	钙基润滑脂	kg	0.971	0.971	0.971	0.971	0.971
	其他材料费	%	3.000	3.000	3.000	3.000	3.000
机械	汽车式起重机 8t	台班	0.088	0.088	0.088	0.133	0.150
	载重汽车 5t	台班	—	—	—	0.045	0.045
	直流弧焊机 32kV·A	台班	0.044	0.044	0.044	0.044	0.044
	电焊条烘干箱 45×35×45(cm)	台班	0.004	0.004	0.004	0.004	0.004

三十六、平 底 盖 闸

工作内容：开箱点件，基础划线，场内运输，闸门安装，找平，找正，试漏，试运转。 计量单位：座

定额编号			6-2-392	6-2-393	6-2-394	6-2-395	6-2-396
项 目			公称直径(mm 以内)				
			DN300	DN500	DN800	DN900	DN1000
名 称		单位	消 耗 量				
人工	合计工日	工日	4.626	6.021	7.892	9.896	11.545
	其中 普工	工日	0.925	1.204	1.578	1.979	2.310
	一般技工	工日	3.238	4.215	5.525	6.927	8.081
	高级技工	工日	0.463	0.602	0.789	0.990	1.154
材料	钢板 $\delta3\sim10$	kg	0.600	0.750	0.900	1.050	1.200
	水泥 P.O 42.5	kg	24.000	30.000	36.000	42.000	48.000
	板枋材	m³	0.009	0.010	0.011	0.012	0.013
	砂子(中粗砂)	m³	0.040	0.050	0.059	0.069	0.079
	碎石 10	m³	0.050	0.060	0.070	0.080	0.090
	棉纱	kg	0.800	0.900	1.000	1.000	1.200
	合金钢焊条	kg	0.200	0.240	0.280	0.300	0.320
	氧气	m³	0.390	0.480	0.600	0.740	0.860
	乙炔气	kg	0.130	0.160	0.200	0.247	0.287
	破布	kg	0.832	0.936	1.040	1.040	1.248
	钙基润滑脂	kg	0.971	0.971	0.971	0.971	0.971
	其他材料费	%	3.000	3.000	3.000	3.000	3.000
机械	汽车式起重机 8t	台班	0.088	0.133	0.150	0.283	0.283
	载重汽车 5t	台班	—	0.045	0.045	0.090	0.090
	直流弧焊机 32kV·A	台班	0.040	0.049	0.057	0.061	0.065
	电焊条烘干箱 45×35×45(cm)	台班	0.004	0.005	0.006	0.006	0.007

三十七、集 水 槽

1. 直线集水槽

(1)直线集水槽制作

工作内容:放样、下料、折边、铣孔、法兰制作、组对、焊接、酸洗、除锈、刷油。　　　　　计量单位:t

定 额 编 号			6-2-397	6-2-398	6-2-399	6-2-400	6-2-401	6-2-402
项　目			碳钢(厚度 mm 以内)			不锈钢(厚度 mm 以内)		
			4	6	8	4	6	8
名　称		单位	消　耗　量					
人工	合计工日	工日	28.270	27.240	23.100	36.710	30.790	25.240
	其中 普工	工日	5.654	5.448	4.620	7.342	6.158	5.048
	一般技工	工日	19.789	19.068	16.170	25.697	21.553	17.668
	高级技工	工日	2.827	2.724	2.310	3.671	3.079	2.524
材料	钢板 δ3～10	t	1.090	1.090	1.090	—	—	—
	不锈钢板 δ4～8	t	—	—	—	1.090	1.090	1.090
	扁钢(综合)	kg	20.051	20.045	15.040	—	—	—
	不锈钢扁钢(综合)	kg	—	—	—	19.586	19.584	14.686
	低碳钢焊条 J422(综合)	kg	6.411	6.189	5.886	—	—	—
	不锈钢焊条(综合)	kg	—	—	—	6.347	6.127	6.256
	防锈漆	kg	17.452	11.634	8.726	—	—	—
	酚醛调和漆	kg	12.484	8.323	6.242	—	—	—
	氧气	m³	5.780	4.901	4.449	—	—	—
	乙炔气	kg	1.927	1.635	1.483	—	—	—
	砂轮片 φ200	片	2.341	1.783	1.505	—	—	—
	钢丝刷子	把	1.274	0.849	0.637	—	—	—
	砂布	张	9.554	6.368	4.777	—	—	—
	汽油 70#～90#	kg	5.796	3.864	2.898	—	—	—
	硝酸纯度98%	kg	—	—	—	2.838	1.892	1.419
	氢氟酸45%	kg	—	—	—	5.675	3.784	2.837
	其他材料费	%	3.000	0.500	3.000	3.000	3.000	3.000
机械	汽车式起重机 8t	台班	0.191	0.127	0.135	0.189	0.126	0.095
	载重汽车 5t	台班	0.191	0.127	0.135	0.189	0.126	0.095
	立式铣床 320×1250mm	台班	1.707	1.138	0.920	1.851	1.234	1.006
	等离子切割机 400A	台班	—	—	—	0.322	0.179	0.134
	剪板机 13×3000mm	台班	0.678	0.722	0.677	0.672	0.715	0.670
	折方机 4×2000mm	台班	0.541	0.722	0.772	0.672	0.805	0.711
	直流弧焊机 20kV·A	台班	—	—	—	1.384	1.335	1.271
	直流弧焊机 32kV·A	台班	1.398	1.348	1.283	—	—	—
	电焊条烘干箱 45×35×45(cm)	台班	0.140	0.135	0.128	0.138	0.134	0.127

（2）直线集水槽安装

工作内容：清基、放线、安装、固定、补漆。 计量单位：t

定 额 编 号			6-2-403	6-2-404	6-2-405	6-2-406	6-2-407	6-2-408
项 目			碳钢（厚度 mm 以内）			不锈钢（厚度 mm 以内）		
			4	6	8	4	6	8
名 称		单位	消 耗 量					
人工	合计工日	工日	3.408	2.613	2.237	3.721	2.842	2.419
	其中 普工	工日	0.681	0.523	0.447	0.744	0.569	0.484
	一般技工	工日	2.386	1.829	1.566	2.605	1.989	1.693
	高级技工	工日	0.341	0.261	0.224	0.372	0.284	0.242
材料	钢板 δ3~10	kg	18.906	18.678	18.736	—	—	—
	不锈钢板 δ4.0	kg	—	—	—	18.380	18.271	18.376
	低碳钢焊条 J422（综合）	kg	1.752	1.495	1.454	—	—	—
	不锈钢焊条(综合)	kg	—	—	—	1.704	1.480	1.409
	氯丁橡胶板 δ3~4	kg	11.498	7.303	5.478	—	—	—
	不锈钢六角螺栓 M16×200	套	—	—	—	46.000	30.000	24.000
	六角螺栓带螺母、垫圈 M16×200	套	46.000	30.000	24.000	—	—	—
	防锈漆	kg	3.058	2.038	1.529	—	—	—
	酚醛调和漆	kg	2.198	1.465	1.099	—	—	—
	汽油 70#~90#	kg	1.022	0.682	0.511	—	—	—
	其他材料费	%	3.000	3.000	3.000	3.000	3.000	3.000
机械	汽车式起重机 8t	台班	0.433	0.289	0.312	0.429	0.286	0.309
	载重汽车 5t	台班	0.162	0.108	0.108	0.161	0.107	0.107
	直流弧焊机 32kV·A	台班	0.382	0.327	0.317	0.378	0.324	0.314
	电焊条烘干箱 45×35×45(cm)	台班	0.038	0.033	0.032	0.038	0.032	0.031

2.弧形集水槽

(1)弧形集水槽制作

工作内容:放样、下料、折边、铣孔、法兰制作、组对、焊接、酸洗、除锈、刷油。　　　　　　　　　　计量单位:t

定　额　编　号			6-2-409	6-2-410	6-2-411	6-2-412	6-2-413	6-2-414
项　　　目			碳钢(厚度 mm 以内)			不锈钢(厚度 mm 以内)		
			4	6	8	4	6	8
名　　称		单位	消　耗　量					
人工	合计工日	工日	29.680	28.600	24.260	38.540	32.330	26.500
	其中 普工	工日	5.936	5.720	4.852	7.708	6.466	5.300
	一般技工	工日	20.776	20.020	16.982	26.978	22.631	18.550
	高级技工	工日	2.968	2.860	2.426	3.854	3.233	2.650
材料	钢板 δ3～10	t	1.090	1.090	1.090	—	—	—
	不锈钢板 δ4～8	t	—	—	—	1.090	1.090	1.090
	扁钢(综合)	kg	21.050	21.050	15.790	—	—	—
	不锈钢扁钢(综合)	kg	—	—	—	20.560	20.560	15.420
	砂轮片 φ200	片	2.460	1.870	1.580	6.250	3.700	3.130
	钢丝刷子	把	1.340	0.890	0.670	—	—	—
	酚醛调和漆	kg	13.110	8.730	6.550	—	—	—
	防锈漆	kg	18.320	12.210	9.160	—	—	—
	砂布	张	10.030	6.680	5.010	—	—	—
	不锈钢焊条(综合)	kg	—	—	—	6.660	6.430	6.570
	低碳钢焊条 J422(综合)	kg	6.730	6.490	6.180	—	—	—
	氧气	m³	6.070	5.150	4.670	—	—	—
	乙炔气	kg	2.020	1.720	1.560	—	—	—
	汽油 70#～90#	kg	6.090	4.050	3.040	—	—	—
	氢氟酸 45%	kg	—	—	—	5.950	3.970	2.980
	硝酸纯度 98%	kg	—	—	—	2.970	1.980	1.480
	其他材料费	%	3.000	3.000	3.000	3.000	3.000	3.000
机械	汽车式起重机 8t	台班	0.200	0.133	0.130	0.221	0.140	0.099
	载重汽车 5t	台班	0.200	0.133	0.130	0.221	0.140	0.099
	等离子切割机 400A	台班	—	—	—	0.378	0.200	0.140
	剪板机 16×2500mm	台班	0.710	0.760	0.750	0.788	0.801	0.710
	立式铣床 320×1250mm	台班	1.790	1.190	1.290	2.176	1.381	1.050
	折方机 4×2000mm	台班	0.570	0.760	0.840	0.788	0.901	0.750
	直流弧焊机 32kV·A	台班	1.470	1.410	1.410	—	—	—
	直流弧焊机 20kV·A	台班	—	—	—	1.627	1.496	1.330
	电焊条烘干箱 45×35×45(cm)	台班	0.147	0.141	0.141	0.163	0.150	0.133

(2) 弧形集水槽安装

工作内容:清基、放线、安装、固定、补漆。

计量单位:t

	定额编号		6-2-415	6-2-416	6-2-417	6-2-418	6-2-419	6-2-420
	项 目		碳钢(厚度 mm 以内)			不锈钢(厚度 mm 以内)		
			4	6	8	4	6	8
	名 称	单位	消 耗 量					
人工	合计工日	工日	2.740	2.790	2.390	3.900	3.040	2.580
	其中 普工	工日	0.548	0.558	0.478	0.780	0.608	0.516
	一般技工	工日	1.918	1.953	1.673	2.730	2.128	1.806
	高级技工	工日	0.274	0.279	0.239	0.390	0.304	0.258
材料	钢板 $\delta 3 \sim 10$	kg	18.906	18.678	18.736	—	—	—
	六角螺栓带螺母、垫圈 M16×200	套	46.000	30.000	24.000	—	—	—
	不锈钢板 $\delta 4.0$	kg	—	—	—	18.271	18.274	18.376
	不锈钢六角螺栓 M16×200	套	—	—	—	46.000	30.000	24.000
	低碳钢焊条 J422(综合)	kg	1.752	1.495	1.454	—	—	—
	不锈钢焊条(综合)	kg	—	—	—	1.480	1.480	1.409
	防锈漆	kg	3.058	2.308	1.529	—	—	—
	酚醛调和漆	kg	2.198	1.465	1.099	—	—	—
	氯丁橡胶板 $\delta 3 \sim 4$	kg	11.498	7.303	5.478	10.840	7.231	5.421
	汽油 70# ~ 90#	kg	1.022	0.682	0.511	—	—	—
	其他材料费	%	3.000	3.000	3.000	3.000	3.000	3.000
机械	汽车式起重机 8t	台班	0.450	0.300	0.327	0.450	0.300	0.324
	载重汽车 5t	台班	0.170	0.110	0.113	0.169	0.110	0.112
	直流弧焊机 32kV·A	台班	0.410	0.340	0.332	0.397	0.330	0.329
	电焊条烘干箱 45×35×45(cm)	台班	0.041	0.034	0.033	0.040	0.033	0.033

3. 集水槽支架

工作内容:1.划线、平直、下料、钻孔、组对、焊接、除锈、刷漆(酸洗);2.放线、定位、调平调正、安装、焊接(补漆)。

计量单位:t

定 额 编 号			6-2-421	6-2-422	6-2-423	6-2-424
项 目			碳钢		不锈钢	
			制作	安装	制作	安装
名 称		单位	消 耗 量			
人工	合计工日	工日	48.600	32.000	48.600	33.600
	其中 普工	工日	9.720	6.400	9.720	6.720
	一般技工	工日	34.020	22.400	34.020	23.520
	高级技工	工日	4.860	3.200	4.860	3.360
材料	型钢(综合)	t	1.060	—	—	—
	不锈钢型钢(综合)	t	—	—	1.060	—
	镀锌六角螺栓带螺母 2平垫1弹垫 M10×100以内	十套	—	5.800	—	—
	不锈钢带帽螺栓 2平1弹垫 M10×100以内	十套	—	—	—	5.916
	醇酸防锈漆 C53-1	kg	18.143	3.075	—	—
	无光调和漆	kg	14.350	2.050	—	—
	低碳钢焊条 J422 φ3.2	kg	15.400	19.800	—	—
	不锈钢焊条(综合)	kg	—	—	6.407	19.800
	钢锯条	条	22.000	11.000	22.000	11.000
	破布	kg	2.100	2.100	2.100	2.100
	溶剂汽油	kg	9.738	1.020	5.250	—
	铁砂布 0#~2#	张	51.000	—	51.000	—
	清油	kg	6.120	—	—	—
	硝酸纯度98%	kg	—	—	1.454	—
	氢氟酸45%	kg	—	—	2.908	—
机械	联合冲剪机 16mm	台班	0.850	—	0.850	—
	直流弧焊机 20kV·A	台班	6.290	5.700	6.290	5.700
	电焊条烘干箱 45×35×45(cm)	台班	0.629	0.570	0.629	0.570

三十八、堰　　板

1. 齿型堰板制作

工作内容:放样、下料、钻孔、清理、调直、酸洗、除锈、刷油。　　　　　　　　计量单位:10m²

定　额　编　号			6-2-425	6-2-426	6-2-427
项　　目			碳钢(厚度 mm 以内)		
			4	6	8
名　　称		单位	消　耗　量		
人工	合计工日	工日	16.027	21.569	21.629
	其中 普工	工日	3.205	4.314	4.326
	一般技工	工日	11.219	15.098	15.140
	高级技工	工日	1.603	2.157	2.163
材料	钢板 δ3~10	kg	332.840	499.260	665.680
	低碳钢焊条 J422(综合)	kg	0.297	0.495	0.583
	防锈漆	kg	5.480	5.480	5.480
	氧气	m³	12.210	15.620	18.920
	乙炔气	kg	4.070	5.207	6.307
	砂轮片 φ200	片	7.823	7.823	8.694
	钢丝刷子	把	0.400	0.400	0.400
	砂布	张	3.000	3.000	3.000
	汽油 70#~90#	kg	1.802	1.802	1.802
	其他材料费	%	1.000	1.000	1.000
机械	汽车式起重机 8t	台班	0.062	0.088	0.088
	载重汽车 5t	台班	0.063	0.090	0.090
	剪板机 13×3000mm	台班	0.354	0.442	0.531
	直流弧焊机 32kV·A	台班	0.060	0.100	0.117
	电焊条烘干箱 45×35×45(cm)	台班	0.006	0.010	0.012

工作内容:放样、下料、钻孔、清理、调直、酸洗、场内运输等。　　　　　　　　　　　　计量单位:10m²

定 额 编 号			6-2-428	6-2-429	6-2-430
项　　目			不锈钢(厚度 mm 以内)		
			4	6	8
名　　称		单位	消　耗　量		
人工	合计工日		工日	18.335	24.618	24.678
	其中	普工	工日	3.668	4.924	4.935
		一般技工	工日	12.834	17.232	17.275
		高级技工	工日	1.833	2.462	2.468
材料	不锈钢板 δ4~8		kg	328.600	492.900	657.200
	不锈钢焊条(综合)		kg	0.297	0.495	0.583
	硝酸纯度 98%		kg	0.450	0.450	0.450
	氢氟酸 45%		kg	0.900	0.900	0.900
	其他材料费		%	0.100	0.100	0.100
机械	汽车式起重机 8t		台班	0.062	0.088	0.088
	载重汽车 5t		台班	0.063	0.090	0.090
	等离子切割机 400A		台班	0.118	0.094	0.079
	剪板机 13×3000mm		台班	1.283	1.177	1.858
	直流弧焊机 20kV·A		台班	0.060	0.100	0.117
	电焊条烘干箱 45×35×45(cm)		台班	0.006	0.010	0.012

2. 齿型堰板安装

工作内容:清基、放线、安装就位、固定、焊接或粘接、补漆。　　　　　　　　　　　　计量单位:10m²

定 额 编 号			6-2-431	6-2-432	6-2-433
项　　目			金属(厚度 mm 以内)		
			4	6	8
名　　称		单位	消　耗　量		
人工	合计工日		工日	12.138	15.550	15.675
	其中	普工	工日	2.427	3.110	3.134
		一般技工	工日	8.497	10.885	10.973
		高级技工	工日	1.214	1.555	1.568
材料	钢板 δ3~10		kg	145.750	218.678	291.500
	氯丁橡胶板 δ3~4		kg	35.700	34.000	34.000
	干混抹灰砂浆 DP M20		m³	0.320	0.320	0.320
	镀锌六角螺栓带螺母、垫圈 M10×25		套	109.200	109.200	109.200
	防锈漆		kg	2.420	2.420	2.420
	酚醛调和漆		kg	1.720	1.720	1.720
	水		m³	0.087	0.087	0.087
	合金钢焊条		kg	9.746	10.021	15.070
	氧气		m³	1.760	2.200	2.640
	乙炔气		kg	0.587	0.733	0.880
	砂轮片 φ200		片	2.205	2.205	2.625
	汽油 70#~90#		kg	0.795	0.795	0.795
	其他材料费		%	0.500	0.500	0.500
机械	直流弧焊机 32kV·A		台班	1.966	2.021	3.040
	干混砂浆罐式搅拌机		台班	0.013	0.013	0.013
	电焊条烘干箱 45×35×45(cm)		台班	0.197	0.202	0.304

工作内容:清基、放线、安装就位、固定、场内运输等。 计量单位:10m²

定 额 编 号			6-2-434	6-2-435	6-2-436
项 目			非金属(厚度 mm 以内)		
			4	6	8
名 称		单位	消 耗 量		
人工	合计工日	工日	9.092	11.966	12.237
	其中 普工	工日	1.819	2.393	2.447
	一般技工	工日	6.364	8.376	8.566
	高级技工	工日	0.909	1.197	1.224
材料	复合型板材	m²	10.600	10.600	10.600
	氯丁橡胶板 δ3~4	kg	34.000	34.000	34.000
	干混抹灰砂浆 DP M20	m³	0.277	0.277	0.277
	水	m³	0.044	0.044	0.044
	镀锌六角螺栓带螺母、垫圈 M10×25	套	109.200	109.200	109.200
	其他材料费	%	2.000	2.000	2.000
机械	干混砂浆罐式搅拌机	台班	0.007	0.007	0.007

三十九、斜 板

工作内容:斜板铺装、固定、场内材料运输等。 计量单位:10m²

定 额 编 号			6-2-437
项 目			斜板安装
			斜长 2m 以内
名 称		单位	消 耗 量
人工	合计工日	工日	4.681
	其中 普工	工日	0.936
	一般技工	工日	3.277
	高级技工	工日	0.468
材料	斜板	m²	10.600
	带帽带垫螺栓 M10×40	百个	3.121
	其他材料费	%	2.000

四十、斜　　管

工作内容: 斜管铺装、固定、场内材料运输等。　　　　　　　　　　　　　　　计量单位:10m²

定额编号			6-2-438
项　目			斜管安装
			斜长2米以内
名　称		单位	消　耗　量
人工	合计工日	工日	0.941
	其中 普工	工日	0.188
	一般技工	工日	0.659
	高级技工	工日	0.094
材料	斜管	m²	10.600
	其他材料费	%	2.000

工作内容: 放样、下料、拆边、铣孔、钢构件制作、组对、焊接、酸洗,清基、安装、固定、场内
运输。　　　　　　　　　　　　　　　　　　　　　　　　　　计量单位:t

定额编号			6-2-439
项　目			钢网格支架制作安装
名　称		单位	消　耗　量
人工	合计工日	工日	16.029
	其中 普工	工日	3.206
	一般技工	工日	11.220
	高级技工	工日	1.603
材料	型钢(综合)	t	1.060
	板枋材	m³	0.010
	六角螺栓带螺母(综合)	kg	8.690
	醇酸防锈漆 C53-1	kg	11.600
	酚醛调和漆	kg	8.340
	尼龙砂轮片 φ100×16×3	片	0.890
	低碳钢焊条 J422 φ3.2	kg	16.880
	氧气	m³	5.920
	乙炔气	kg	1.970
	其他材料费	元	9.850
机械	汽车式起重机 8t	台班	0.354
	载重汽车 6t	台班	0.700
	载重汽车 10t	台班	0.018
	剪板机 20×2500(mm)	台班	0.195
	直流弧焊机 20kV·A	台班	2.352
	立式钻床 50mm	台班	0.265
	立式钻床 25mm	台班	0.550
	电焊条烘干箱 45×35×45(cm)	台班	0.235

四十一、紫外线消毒设备

工作内容:开箱检点、划线定位、场内运输、支架安装、水位控制器、配电中心、控制
中心、系统调试。

计量单位:模块组

定 额 编 号			6-2-440	6-2-441
项 目			紫外线消毒装置	
			1 个模块组,6 模块内	每增减 1 个模块
名 称		单位	消 耗 量	
人工	合计工日	工日	37.900	1.650
	其中 普工	工日	7.580	0.330
	一般技工	工日	26.530	1.155
	高级技工	工日	3.790	0.165
材料	镀锌扁钢 25×4	kg	1.500	—
	钢垫板 δ1~2	kg	0.300	—
	低碳钢焊条 J422 φ3.2	kg	2.850	—
	焊锡丝(综合)	kg	0.150	—
	钢锯条	条	1.500	—
	镀锌六角螺栓带螺母 2 平垫 1 弹垫 M10×100 以内	十套	1.480	—
	六角螺栓 M12×20~100	套	12.000	—
	垫铁	kg	0.800	—
	自粘性橡胶带 20mm×5m	卷	0.200	—
	标签纸(综合价)	m	1.500	—
	棉纱头	kg	0.200	—
	破布	kg	0.400	—
	铁砂布 0#~2#	张	1.000	—
	细白布	m	0.200	—
	接地线 5.5~16mm²	m	1.800	—
	其他材料费	%	3.000	—
机械	汽车式起重机 8t	台班	0.085	—
	载重汽车 5t	台班	0.051	—
	直流弧焊机 20kV·A	台班	0.940	—
	电焊条烘干箱 45×35×45(cm)	台班	0.094	—

四十二、臭氧消毒设备

工作内容:场内运输、开箱检查、安装就位、找平、找正、调试。　　　　　　　　　　　计量单位:台

定额编号			6-2-442	6-2-443	6-2-444	6-2-445
项　目			中型臭氧发生器主机		大型臭氧发生器主机	
			空气源、氧气源(g/h以内)		空气源、氧气源(kg/h以内)	
			500	1000	5	10
名　称		单位	消　耗　量			
人工	合计工日	工日	5.980	6.870	9.650	12.810
	其中 普工	工日	1.196	1.374	1.930	2.562
	一般技工	工日	4.186	4.809	6.755	8.967
	高级技工	工日	0.598	0.687	0.965	1.281
材料	枕木	m³	0.028	0.028	0.060	0.110
	板枋材	m³	0.020	0.020	0.020	0.020
	低碳钢焊条 J422 ϕ3.2	kg	0.484	0.484	1.710	2.150
	镀锌铁丝 ϕ2.5~1.4	kg	2.400	2.400	1.000	1.000
	平垫铁 0#~3#钢 4#~8#	kg	3.724	3.724	8.600	13.650
	斜垫铁(综合)	kg	5.560	5.560	13.020	21.000
	钙基润滑脂	kg	—	—	0.180	0.200
	二硫化钼	kg	0.120	0.120	0.080	0.100
	氧气	m³	0.268	0.268	0.330	0.470
	乙炔气	kg	0.088	0.088	0.110	0.160
	尼龙砂轮片 ϕ150	片	0.160	0.160	0.400	0.500
	其他材料费	%	3.000	3.000	3.000	3.000
机械	汽车式起重机 8t	台班	0.102	0.117	0.213	0.255
	汽车式起重机 16t	台班	—	—	0.213	0.366
	载重汽车 5t	台班	0.034	0.039	0.170	0.289
	直流弧焊机 20kV·A	台班	0.170	0.196	0.476	0.697
	电焊条烘干箱 45×35×45(cm)	台班	0.017	0.020	0.048	0.070

工作内容: 场内运输、开箱检查、安装就位、找平、找正、调试。 计量单位:台

定额编号		6-2-446	6-2-447	6-2-448	6-2-449	6-2-450
项 目		大型臭氧发生器主机				
		空气源、氧气源(kg/h 以内)				
		15	20	30	40	50
名 称	单位	消 耗 量				
人工 合计工日	工日	16.640	21.600	28.080	32.950	37.650
其中 普工	工日	3.328	4.320	5.616	6.590	7.530
一般技工	工日	11.648	15.120	19.656	23.065	26.355
高级技工	工日	1.664	2.160	2.808	3.295	3.765
材料 枕木	m³	0.120	0.150	0.210	0.210	0.216
板枋材	m³	—	—	—	—	0.072
低碳钢焊条 J422 φ3.2	kg	2.216	2.770	3.090	3.090	3.078
镀锌铁丝 φ2.5~1.4	kg	1.600	2.000	3.000	3.000	3.600
平垫铁 0#~3#钢 4#~8#	kg	20.744	25.930	43.220	43.220	41.472
斜垫铁(综合)	kg	31.920	39.900	66.500	66.500	63.945
钙基润滑脂	kg	0.240	0.300	0.400	0.400	0.450
二硫化钼	kg	0.160	0.200	0.230	0.230	0.270
氧气	m³	1.256	1.570	2.390	2.390	2.862
乙炔气	kg	0.416	0.520	0.800	0.800	0.954
尼龙砂轮片 φ150	片	0.800	1.000	1.130	1.130	1.170
其他材料费	%	3.000	3.000	3.000	3.000	3.000
机械 汽车式起重机 16t	台班	0.245	0.306	—	—	—
汽车式起重机 25t	台班	0.313	0.391	0.252	0.315	0.306
汽车式起重机 40t	台班	—	—	0.442	0.553	0.574
平板拖车组 20t	台班	—	—	—	—	0.329
载重汽车 10t	台班	0.245	0.306	—	—	—
载重汽车 15t	台班	—	—	0.252	0.315	—
直流弧焊机 20kV·A	台班	0.721	0.901	0.830	1.037	1.040
电焊条烘干箱 45×35×45(cm)	台班	0.072	0.090	0.083	0.104	0.104

四十三、除 臭 设 备

工作内容:开箱检点、基础划线、场内运输、找平找正、固定安装、调试。　　　　　　　计量单位:台

定额编号			6-2-451	6-2-452	6-2-453	6-2-454	6-2-455
项 目			离子除臭设备主机(风量 m³ 以内)				
			10000	20000	30000	40000	50000
名 称		单位	消 耗 量				
合计工日		工日	3.500	3.800	5.520	6.100	6.620
人工	其中	普工	工日	0.700	0.760	1.104	1.220	1.324
		一般技工	工日	2.450	2.660	3.864	4.270	4.634
		高级技工	工日	0.350	0.380	0.552	0.610	0.662
材料	镀锌铁丝 φ2.5~1.4	kg	0.500	0.500	0.600	0.800	0.800
机械	载重汽车 5t	台班	0.090	0.090	0.090	0.100	0.100
	叉式起重机 5t	台班	0.250	0.250	0.250	0.370	0.480

四十四、膜处理设备

1. 反渗透(纳滤)膜组件与装置

工作内容: 开箱点件,基础划线,场内运输,设备吊装就位,组装,附件组装,清洗,补漆,
检查,水压试验。

计量单位:套

	定 额 编 号		6-2-456
	项 目		卷式膜
			膜处理系统单元产水能力100m³/h 以内
	名 称	单位	消 耗 量
人工	合计工日	工日	69.795
	其中 普工	工日	13.958
	一般技工	工日	48.857
	高级技工	工日	6.980
材料	热轧薄钢板 δ1.0~3	kg	8.250
	热轧厚钢板 δ10	kg	8.360
	不锈钢管 管外径 D57	m	8.800
	不锈钢管 管外径 D108	m	8.250
	钢筋 φ10 以内	kg	13.035
	斜垫铁(综合)	kg	12.000
	石棉橡胶板 δ3~6	kg	5.000
	镀锌薄钢板 δ0.5~0.65	kg	27.500
	酚醛调和漆	kg	24.000
	不锈钢六角螺栓 M16×45	套	30.000
	不锈钢焊条 A102 φ2.5 以内	kg	2.435
	低碳钢焊条 J422 φ3.2	kg	5.500
	道木 250×200×2500	根	1.650
	盐(工业)	kg	165.000
	钙基润滑脂	kg	1.100
	机油 5#~7#	kg	2.475
	煤油	kg	4.400
	铅油(厚漆)	kg	1.100
	硫酸 98%	kg	10.000
	氧气	m³	16.500
	乙炔气	kg	6.270
	白棕绳 φ40	kg	5.400
	铁砂布 0#~2#	张	22.000
	钢锯条	条	5.000
	生料带	kg	0.275
	水	m³	44.000
	电	kW·h	16.500
	其他材料费	%	2.000
机械	汽车式起重机 8t	台班	2.750
	电动单筒慢速卷扬机 30kN	台班	5.500
	交流弧焊机 32kV·A	台班	2.750
	电动空气压缩机 0.6m³/min	台班	5.500
	试压泵 25MPa	台班	2.200
	电焊条烘干箱 45×35×45(cm)	台班	0.275

2. 超滤(微滤)膜组件与装置

工作内容:开箱点件,基础划线,场内运输,设备吊装就位,一次灌浆,整平,组装,
附件组装,清洗,补漆,检查,水压试验。　　　　　　　　　　　计量单位:套

定 额 编 号				6-2-457
项　　目				中空纤维膜
				膜处理系统单元产水能力300m³/h以内
名　　称			单位	消 耗 量
人工	合计工日		工日	133.245
	其中	普工	工日	26.648
		一般技工	工日	93.272
		高级技工	工日	13.325
材料	热轧薄钢板 δ1.0~3		kg	15.960
	热轧厚钢板 δ10		kg	15.750
	不锈钢管 管外径273		m	16.800
	不锈钢管 管外径377		m	15.750
	钢筋 φ10 以内		kg	24.885
	斜垫铁(综合)		kg	24.000
	石棉橡胶板 δ3~6		kg	10.000
	镀锌薄钢板 δ0.5~0.65		kg	52.500
	酚醛调和漆		kg	48.000
	不锈钢六角螺栓 M16×45		套	60.000
	不锈钢焊条 A102 φ2.5 以内		kg	4.648
	低碳钢焊条 J422 φ3.2		kg	10.500
	道木 250×200×2500		根	3.150
	盐(工业)		kg	315.000
	钙基润滑脂		kg	2.100
	机油 5#~7#		kg	4.725
	煤油		kg	8.400
	铅油(厚漆)		kg	2.100
	硫酸98%		kg	20.000
	氧气		m³	31.500
	乙炔气		kg	11.970
	白棕绳 φ40		kg	10.800
	铁砂布 0#~2#		张	42.000
	钢锯条		条	10.000
	生料带		kg	0.525
	水		m³	44.000
	电		kW·h	31.500
	其他材料费		%	2.000
机械	汽车式起重机 8t		台班	5.250
	电动单筒慢速卷扬机 30kN		台班	10.500
	交流弧焊机 32kV·A		台班	5.250
	电动空气压缩机 0.6m³/min		台班	4.200
	试压泵 25MPa		台班	10.500
	电焊条烘干箱 45×35×45(cm)		台班	0.525

3.膜生物反应器(MBR)

工作内容:开箱点件,基础划线,场内运输,设备吊装就位,一次灌浆,整平,组装,附件组装,清洗,补漆,检查,水压试验。

计量单位:套

定 额 编 号			6-2-458
项　　目			中控纤维帘式膜
			膜处理系统单元产水能力200m³/h以内
名　　称		单位	消 耗 量
人工	合计工日	工日	88.830
	其中 普工	工日	17.766
	一般技工	工日	62.181
	高级技工	工日	8.883
材料	热轧薄钢板 $\delta 1.0 \sim 3$	kg	10.510
	热轧厚钢板 $\delta 10$	kg	10.650
	不锈钢管 管外径 $D76$	m	11.200
	不锈钢管 管外径 $D108$	m	10.510
	钢筋 $\phi 10$ 以内	kg	16.598
	镀锌薄钢板 $\delta 0.5 \sim 0.65$	kg	35.000
	酚醛调和漆	kg	32.000
	不锈钢六角螺栓 $M16 \times 45$	套	40.000
	不锈钢焊条 A102 $\phi 2.5$ 以内	kg	3.100
	低碳钢焊条 J422 $\phi 3.2$	kg	7.000
	斜垫铁(综合)	kg	24.000
	石棉橡胶板 $\delta 3 \sim 6$	kg	10.000
	道木 $250 \times 200 \times 2500$	根	2.100
	盐(工业)	kg	210.000
	钙基润滑脂	kg	1.400
	机油 $5^{\#} \sim 7^{\#}$	kg	3.152
	煤油	kg	5.600
	铅油(厚漆)	kg	1.400
	硫酸98%	kg	13.000
	氧气	m³	21.011
	乙炔气	kg	7.984
	白棕绳 $\phi 40$	kg	7.200
	铁砂布 $0^{\#} \sim 2^{\#}$	张	28.000
	钢锯条	条	7.000
	生料带	kg	0.350
	水	m³	56.000
	电	kW·h	21.000
	其他材料费	%	2.000
机械	汽车式起重机 8t	台班	3.500
	电动单筒慢速卷扬机 30kN	台班	7.000
	交流弧焊机 32kV·A	台班	3.500
	电动空气压缩机 0.6m³/min	台班	2.800
	试压泵 25MPa	台班	7.000
	电焊条烘干箱 $45 \times 35 \times 45$(cm)	台班	0.350

四十五、其 他 设 备

1. 转盘过滤器

工作内容: 开箱检点、基础划线、场内运输、安装就位、一次灌浆、精平、附件安装、清洗、加油、试运转。

计量单位:台

定 额 编 号			6-2-459	6-2-460	6-2-461	6-2-462	6-2-463	6-2-464
项 目			转盘过滤直径2m		转盘过滤直径2.5m		转盘过滤直径3m	
			盘片10片内	每增加2片	盘片10片内	每增加2片	盘片10片内	每增加2片
名 称		单位	消 耗 量					
人工	合计工日	工日	34.590	3.460	42.380	4.238	53.960	5.396
	其中 普工	工日	6.918	0.692	8.476	0.847	10.792	1.079
	一般技工	工日	24.213	2.422	29.666	2.967	37.772	3.777
	高级技工	工日	3.459	0.346	4.238	0.424	5.396	0.540
材料	钢板 δ3~10	kg	1.200	—	2.000	—	3.400	—
	砂子(中砂)	m³	0.009	—	0.019	—	0.029	—
	碎石10	m³	0.015	—	0.030	—	0.045	—
	水泥 P.O 42.5	kg	9.000	—	19.000	—	26.000	—
	木材(成材)	m³	0.010	—	0.010	—	0.020	—
	枕木 2000×200×200	根	0.020	—	0.040	—	0.060	—
	低碳钢焊条 J422(综合)	kg	0.400	0.040	0.600	0.060	0.800	0.080
	镀锌铁丝 φ2.5~1.4	kg	2.000	—	2.000	—	2.000	—
	平垫铁 Q195~Q235 1#	块	4.080	—	4.080	—	4.080	—
	斜垫铁 Q195~Q235 1#	块	8.160	—	8.160	—	8.160	—
	钙基润滑脂	kg	1.000	—	1.200	—	1.500	—
	机油 5#~7#	kg	3.000	—	3.500	—	4.000	—
	煤油	kg	1.000	—	1.200	—	1.500	—
	棉纱头	kg	1.500	0.150	1.500	0.150	2.000	0.200
	破布	kg	1.500	0.150	1.500	0.150	2.000	0.200
	氧气	m³	0.340	0.034	0.400	0.040	0.400	0.040
	乙炔气	kg	0.113	0.011	0.133	0.013	0.133	0.013
	其他材料费	%	3.000	3.000	3.000	3.000	3.000	3.000
机械	汽车式起重机 8t	台班	0.570	0.057	0.748	0.075	0.884	0.088
	载重汽车 5t	台班	0.153	0.015	0.179	0.018	—	—
	载重汽车 8t	台班	—	—	—	—	0.204	0.020
	直流弧焊机 20kV·A	台班	0.088	0.009	0.131	0.013	0.174	0.017
	电焊条烘干箱 45×35×45(cm)	台班	0.009	0.001	0.013	0.001	0.017	0.002

2. 巴氏计量槽槽体安装

工作内容: 开箱检点、场内运输、本体安装、清理、校验、挂牌。　　　　　　　　　　　　　　　　　　　　**计量单位:**台

定额编号			6-2-465	6-2-466	6-2-467	6-2-468	6-2-469
项　目			渠宽(mm 以内)				
			400	600	900	1200	1500
			喉宽(mm 以内)				
			51	152	300	450	600
名　称		单位	消　耗　量				
人工	合计工日	工日	4.340	4.900	6.300	7.450	8.980
	其中 普工	工日	0.868	0.980	1.260	1.490	1.796
	一般技工	工日	3.038	3.430	4.410	5.215	6.286
	高级技工	工日	0.434	0.490	0.630	0.745	0.898
材料	低碳钢焊条 J422 φ3.2	kg	0.116	0.116	0.116	0.116	0.116
	六角螺栓 M10×20~50	套	4.000	4.000	4.000	4.000	4.000
	棉纱头	kg	0.200	0.200	0.200	0.200	0.200
	细白布	m	0.200	0.200	0.200	0.200	0.200
	接地线 5.5~16mm²	m	1.000	1.000	1.000	1.000	1.000
	位号牌	个	1.000	1.000	1.000	1.000	1.000
	其他材料费	%	2.000	2.000	2.000	2.000	2.000
机械	汽车式起重机 8t	台班	—	—	0.006	0.018	0.027
	载重汽车 8t	台班	—	—	0.006	0.018	0.027
	直流弧焊机 20kV·A	台班	0.018	0.018	0.018	0.018	0.018
	对讲机(一对)	台班	0.884	0.884	0.884	0.884	0.884
	吊装机械(综合)	台班	—	—	0.042	0.083	0.149
	数字电压表	台班	0.408	0.408	0.408	0.408	0.408
	手持式万用表	台班	0.884	0.884	0.884	0.884	0.884
	高压兆欧表	台班	0.043	0.043	0.043	0.043	0.043

工作内容:开箱检点、场内运输、本体安装、清理、校验、挂牌。 计量单位:台

定额编号			6-2-470	6-2-471	6-2-472	6-2-473
项　目			渠宽(mm 以内)			
			1800	2000	2200	3000
			喉宽(mm 以内)			
			900	1000	1200	1500
名　称		单位	消　耗　量			
人工	合计工日	工日	12.970	14.370	14.370	14.370
	其中 普工	工日	2.594	2.874	2.874	2.874
	一般技工	工日	9.079	10.059	10.059	10.059
	高级技工	工日	1.297	1.437	1.437	1.437
材料	低碳钢焊条 J422 ϕ3.2	kg	0.116	0.116	0.204	0.204
	六角螺栓 M10×20~50	套	4.000	4.000	4.000	4.000
	棉纱头	kg	0.200	0.200	0.200	0.200
	细白布	m	0.200	0.200	0.200	0.200
	接地线 5.5~16mm^2	m	1.000	1.000	1.000	1.000
	位号牌	个	1.000	1.000	1.000	1.000
	其他材料费	%	1.500	1.500	1.500	1.500
机械	汽车式起重机 8t	台班	0.062	0.081	0.109	0.124
	载重汽车 8t	台班	0.062	0.081	0.109	0.124
	直流弧焊机 20kV·A	台班	0.018	0.018	0.316	0.316
	对讲机(一对)	台班	0.884	0.884	0.884	0.884
	吊装机械(综合)	台班	0.238	0.268	0.375	0.428
	数字电压表	台班	0.408	0.408	0.408	0.408
	手持式万用表	台班	0.884	0.884	0.884	0.884
	高压兆欧表	台班	0.043	0.043	0.043	0.043

第三章 措 施 项 目

说　明

一、本章定额包括构筑物现浇混凝土与预制混凝土等模板项目。模板分别按钢模钢撑、复合木模木撑、木模木撑区分不同材质分别列项,其中钢模模数差部分采用木模。

二、本章定额现浇、预制项目中,均已包括了钢筋垫块或第一层底浆的工、料,及看模工日,套用时不得重复计算。

三、池盖板、平板、走道板、悬空板的模板已含模板支架,消耗量综合取定,但当模板支架承重量因现场条件、特殊要求等确不能满足模板上部混凝土重量或其他荷载组合时,可根据批准的施工组织设计调整支架消耗量。

四、有盖池体(封闭池体)(包括池内壁、隔墙、池盖、无梁盖柱)模板、支架拆除若需通过特定部位预留孔洞运出池外,增加模板、支架的池内及出洞口运输时,可根据批准的施工组织设计另行计算。

五、预制构件模板中未包括地、胎模,发生时执行第三册《桥涵工程》相应项目。

六、模板安拆以槽(坑)深3m为准,超过3m时,人工乘以系数1.08,其他不变。现浇混凝土池壁(隔墙)、池盖、柱、梁、板的模板,支模高度按3.6m编制,超过3.6m时,超出部分的工程量另按相应超高项目执行。

七、小型构件是指单个体积在0.05m³以内的构件;地沟盖板模板项目适用于单块体积在0.3m³内的矩形板;井盖模板项目适用于井口盖板,井室盖板按矩形板项目执行。

八、折线池壁按直形池壁和弧形池壁相应项目的平均值计算。

九、扶壁柱、小型矩形柱、小梁执行本章"小型构件"项目。

工程量计算规则

一、现浇混凝土构件模板按构件混凝土与模板的接触面以面积计算。不扣除单孔面积 0.3m² 以内预留孔洞的面积,洞侧壁模板亦不另行增加。

二、预制混凝土构件模板,按设计图示尺寸以体积计算。

三、池壁、池盖后浇带模板工程量按后浇部分混凝土体积计算。

四、井底流槽按浇筑的混凝土流槽与模板的接触面积计算。

一、现浇混凝土模板工程

1. 基础垫层模板

工作内容：模板制作、安装、拆除，清理杂物、刷隔离剂、整理堆放。　　　　　　　　　　　　　　　计量单位：100m²

定 额 编 号			6-3-1	6-3-2	6-3-3
项　　目			混凝土基础垫层	设备基础（单体在5m³以内）	设备基础（单体在5m³以外）
			木模	复合木模	
名　　称		单位	消　耗　量		
人工	合计工日	工日	9.949	25.171	25.277
	其中 普工	工日	3.980	10.068	10.111
	一般技工	工日	5.969	15.103	15.166
材料	镀锌铁丝 φ0.7	kg	0.180	23.190	8.610
	干混抹灰砂浆 DP M20	m³	0.012	—	—
	圆钉	kg	19.730	18.550	11.860
	草板纸 80#	张	—	30.000	30.000
	钢模板	kg	—	1.780	1.520
	木模板	m³	0.976	0.120	0.089
	复合模板	m²	—	21.000	21.000
	零星卡具	kg	—	35.330	27.570
	脱模剂	kg	10.000	10.000	10.000
机械	汽车式起重机 8t	台班	—	0.063	0.086
	载重汽车 5t	台班	0.099	0.188	0.170
	木工圆锯机 500mm	台班	0.142	0.026	0.036

2. 构筑物及池类

(1) 池　　底

工作内容：模板制作、安装、拆除，清理杂物、刷隔离剂、整理堆放。　　　　　　　　　　　　　　　计量单位：100m²

定 额 编 号			6-3-4	6-3-5	6-3-6
项　　目			平池底钢模	平池底木模	锥形池底木模
名　　称		单位	消　耗　量		
人工	合计工日	工日	34.482	38.448	32.333
	其中 普工	工日	13.793	15.379	12.933
	一般技工	工日	20.689	23.069	19.400
材料	混凝土垫块	m³	0.137	0.137	—
	镀锌铁丝 φ3.5	kg	66.033	—	—
	圆钉	kg	11.924	28.336	14.035
	嵌缝料	kg	—	10.000	10.000
	草板纸 80#	张	30.000	—	—
	钢模板	kg	70.761	—	—
	木模板	m³	0.011	0.756	2.370
	木支撑	m³	0.336	0.339	0.373
	零星卡具	kg	19.074	—	—
	脱模剂	kg	10.000	10.000	10.000
机械	汽车式起重机 8t	台班	0.071	—	—
	载重汽车 5t	台班	0.251	0.296	0.600
	木工圆锯机 500mm	台班	0.027	0.504	0.487
	木工双面压刨床 600mm	台班	—	0.478	0.478

(2) 池壁(隔墙)

工作内容: 模板制作、安装、拆除, 清理杂物、刷隔离剂、整理堆放。　　　　　　　　　　计量单位: 100m²

定 额 编 号			6-3-7	6-3-8	6-3-9	6-3-10	6-3-11
项 目			矩形池壁		圆形池壁	支模高度超过3.6m, 每增1m	
			钢模	木模		钢支撑	木支撑
名 称		单位	消 耗 量				
人工	合计工日	工日	28.395	23.519	35.620	1.473	1.473
	其中 普工	工日	11.358	9.408	14.248	0.589	0.589
	一般技工	工日	17.037	14.111	21.372	0.884	0.884
材料	镀锌铁丝 φ3.5	kg	0.677	5.980	10.534	—	—
	圆钉	kg	0.286	13.821	15.739	—	2.420
	铁件(综合)	kg	6.777	13.645			
	嵌缝料	kg	—	10.000	10.000		
	草板纸 80#	张	30.000	—	—		
	钢模板	kg	71.841	—	—		
	木模板	m³	0.004	0.622	0.812		
	钢支撑	kg	28.684	—	—	1.850	
	木支撑	m³	—	0.587	0.582	0.001	0.047
	零星卡具	kg	52.867	4.320	85.150	—	—
	尼龙帽 φ1.5	个	79.000	—	—		
	脱模剂	kg	10.000	10.000	10.000	—	—
机械	汽车式起重机 8t	台班	0.150	—	—	0.009	
	载重汽车 5t	台班	0.224	0.430	0.376	0.009	0.009
	木工圆锯机 500mm	台班	0.009	0.717	1.132		0.018
	木工双面压刨床 600mm	台班	—	0.478	0.478		

工作内容: 模板制作、安装、拆除, 清理杂物、刷隔离剂、整理堆放。　　　　　　　　　　计量单位: 10m³

定 额 编 号			6-3-12
项 目			池壁后浇带
			木模
名 称		单位	消 耗 量
人工	合计工日	工日	38.501
	其中 普工	工日	15.400
	一般技工	工日	23.101
材料	圆钉	kg	18.816
	木模板	m³	1.115
	脱模剂	kg	7.080
	其他材料费	%	1.500
机械	载重汽车 5t	台班	0.360
	木工圆锯机 500mm	台班	3.708
	木工双面压刨床 600mm	台班	0.050

（3）池　盖

工作内容：模板制作、安装、拆除，清理杂物、刷隔离剂、整理堆放。　　　　　　计量单位：100m²

定额编号			6-3-13	6-3-14	6-3-15	6-3-16	6-3-17
项　　目			无梁池盖		肋形池盖		球形池盖
			木模	复合木模	木模	复合木模	木模
名　　称		单位	消　耗　量				
人工	合计工日	工日	33.804	26.783	29.597	25.215	64.713
	其中 普工	工日	13.522	10.713	11.839	10.086	25.885
	一般技工	工日	20.282	16.070	17.758	15.129	38.828
材料	镀锌铁丝 $\phi3.5$	kg	1.559	1.559	—	—	—
	镀锌铁丝 $\phi0.7$	kg	0.177	0.177	—	—	—
	干混抹灰砂浆 DP M20	m³	0.003	0.003	—	—	—
	圆钉	kg	42.024	20.340	21.808	21.200	14.880
	铁件(综合)	kg	—	—	—	—	19.130
	嵌缝料	kg	10.000	—	10.000	—	—
	草板纸 80#	张	—	30.000	—	—	—
	木模板	m³	0.960	0.600	1.056	0.878	2.232
	复合模板	m²	—	21.000	—	21.000	—
	木支撑	m³	1.286	1.123	1.415	1.235	—
	零星卡具	kg	—	14.231	—	—	—
	脱模剂	kg	10.000	10.000	10.000	10.000	10.000
	水	m³	0.001	0.001	—	—	—
机械	汽车式起重机 8t	台班	—	0.062	—	—	—
	载重汽车 5t	台班	0.636	0.573	0.278	0.340	0.403
	木工圆锯机 500mm	台班	0.717	0.053	0.787	0.778	3.326
	木工双面压刨床 600mm	台班	0.478	—	0.478	0.469	0.478

工作内容：模板制作、安装、拆除，清理杂物、刷隔离剂、整理堆放。　　　　　　计量单位：100m²

定额编号			6-3-18
项　　目			池盖支模高度超过 3.6m,每增 1m
			木支撑
名　　称		单位	消　耗　量
人工	合计工日	工日	5.524
	其中 普工	工日	2.210
	一般技工	工日	3.314
材料	圆钉	kg	3.350
	木支撑	m³	0.210
机械	载重汽车 5t	台班	0.045
	木工圆锯机 500mm	台班	0.088

工作内容:模板制作、安装、拆除,清理杂物、刷隔离剂、整理堆放。　　　　　　　　　　　　　计量单位:10m³

定　额　编　号			6-3-19
项　　目			池盖后浇带
			木模
名　　称		单位	消　耗　量
人工	合计工日	工日	34.822
	其中　普工	工日	13.929
	一般技工	工日	20.893
材料	圆钉	kg	27.987
	木模板	m³	1.588
	脱模剂	kg	9.560
	其他材料费	%	1.500
机械	载重汽车 5t	台班	0.433
	木工圆锯机 500mm	台班	2.610
	木工双面压刨床 600mm	台班	0.030

(4)柱、梁

工作内容:模板制作、安装、拆除,清理杂物、刷隔离剂、整理堆放。　　　　　　　　　　　　　计量单位:100m²

定　额　编　号			6-3-20	6-3-21	6-3-22	6-3-23	6-3-24
项　　目			无梁盖柱		矩形柱		圆、异形柱
			钢模	木模	钢模	复合木模	木模
名　　称		单位	消　耗　量				
人工	合计工日	工日	47.426	50.518	31.764	26.962	47.205
	其中　普工	工日	18.970	20.207	12.706	10.785	18.882
	一般技工	工日	28.456	30.311	19.058	16.177	28.323
材料	镀锌铁丝 φ3.5	kg	—	52.783	—	—	9.306
	圆钉	kg	29.631	76.286	1.800	4.020	48.490
	铁件(综合)	kg	—	—	—	11.420	—
	嵌缝料	kg	—	10.000	—	—	10.000
	草板纸 80#	张	30.000	—	30.000	30.000	—
	钢模板	kg	68.276	—	78.090	10.340	—
	木模板	m³	0.328	0.172	0.130	0.064	1.140
	复合模板	m²	—	—	—	21.000	—
	钢支撑	kg	62.963	—	45.940	—	—
	木支撑	m³	0.303	1.006	0.182	0.519	0.700
	零星卡具	kg	52.795	—	66.740	60.500	—
	脱模剂	kg	10.000	10.000	10.000	10.000	10.000
机械	汽车式起重机 8t	台班	0.159		0.159	0.097	
	载重汽车 5t	台班	0.439	0.573	0.251	0.251	0.314
	木工圆锯机 500mm	台班	1.008	1.433	0.053	0.053	1.645
	木工双面压刨床 600mm	台班	—	0.478	—	—	—

工作内容：模板制作、安装、拆除，清理杂物、刷隔离剂、整理堆放。　　　　　　　计量单位：100m²

定　额　编　号			6-3-25	6-3-26
项　　目			柱支模高度超过3.6m，每增1m	
			钢支撑	木支撑
名　　称		单位	消　耗　量	
人工	合计工日	工日	2.432	2.432
	其中 普工	工日	0.973	0.973
	一般技工	工日	1.459	1.459
材料	圆钉	kg	—	3.350
	钢支撑	kg	3.370	—
	木支撑	m³	0.021	0.109
机械	汽车式起重机 8t	台班	0.004	—
	载重汽车 5t	台班	0.009	0.009
	木工圆锯机 500mm	台班	0.009	0.044

工作内容:模板制作、安装、拆除,清理杂物、刷隔离剂、整理堆放。　　　　　计量单位:100m²

定额编号		6-3-27	6-3-28	6-3-29	6-3-30
项　目		连续梁、单梁		池壁基梁	异形梁
		钢模	复合木模	木模	
名　称	单位	消　耗　量			
合计工日	工日	38.434	33.587	54.890	41.971
其中 普工	工日	15.374	13.435	21.956	16.788
一般技工	工日	23.060	20.152	32.934	25.183
镀锌铁丝 φ3.5	kg	15.758	—	—	32.565
镀锌铁丝 φ0.7	kg	0.177	0.177	—	0.177
干混抹灰砂浆 DP M20	m³	0.012	0.012	—	0.012
圆钉	kg	0.470	36.240	19.931	73.740
铁件(综合)	kg	—	4.150	—	—
嵌缝料	kg	—	—	10.000	10.000
草板纸 80#	张	30.000	30.000	—	—
钢模板	kg	77.340	7.230	—	—
木模板	m³	0.017	0.017	0.725	1.183
复合模板	m²	—	21.000	—	—
钢支撑	kg	69.474	—	—	—
木支撑	m³	0.029	0.914	0.996	1.087
梁卡具(模板用)	kg	26.190	—	—	—
零星卡具	kg	41.100	36.550	—	—
尼龙帽 φ1.5	个	37.000	37.000	—	—
脱模剂	kg	10.000	10.000	10.000	10.000
水	m³	0.003	0.003	—	0.003
汽车式起重机 8t	台班	0.177	0.088	—	—
载重汽车 5t	台班	0.296	0.340	0.511	0.278
木工圆锯机 500mm	台班	0.035	0.327	1.805	1.026
木工双面压刨床 600mm	台班	—	—	0.478	—

工作内容:模板制作、安装、拆除,清理杂物、刷隔离剂、整理堆放。 计量单位:100m²

定 额 编 号			6-3-31	6-3-32
项 目			梁支模高度超过3.6m,每增1m	
			钢支撑	木支撑
名 称		单位	消 耗 量	
人工	合计工日	工日	4.446	5.480
	其中 普工	工日	1.778	2.192
	一般技工	工日	2.668	3.288
材料	圆钉	kg	—	2.260
	钢支撑	kg	9.000	—
	木支撑	m³	—	0.174
机械	汽车式起重机 8t	台班	0.027	—
	载重汽车 5t	台班	0.045	0.036
	木工圆锯机 500mm	台班	—	0.071

(5) 板

工作内容: 模板制作、安装、拆除,清理杂物、刷隔离剂、整理堆放。　　　　　　　　计量单位:100m²

定额编号			6-3-33	6-3-34	6-3-35	6-3-36	6-3-37
项　目			平板、走道板		悬空板		挡水板
			钢模	复合木模	钢模	复合木模	木模
名　称		单位	消　耗　量				
人工	合计工日	工日	28.039	24.395	30.507	26.462	52.729
	其中　普工	工日	11.216	9.758	12.203	10.585	21.092
	一般技工	工日	16.823	14.637	18.304	15.877	31.637
材料	镀锌铁丝 φ3.5	kg	—	—	—	—	9.757
	镀锌铁丝 φ0.7	kg	0.177	0.177	0.177	0.177	—
	干混抹灰砂浆 DP M20	m³	0.003	0.003	0.003	0.003	—
	圆钉	kg	1.790	19.790	9.100	19.960	27.510
	铁件(综合)	kg	—	—	—	—	7.970
	嵌缝料	kg	—	—	—	—	10.000
	草板纸 80#	张	30.000	30.000	30.000	30.000	—
	钢模板	kg	68.280	—	56.710	—	—
	木模板	m³	0.130	0.051	0.182	0.182	1.133
	复合模板	m²	—	21.000	—	21.000	—
	钢支撑	kg	48.010	—	34.250	—	—
	木支撑	m³	0.231	1.050	0.303	0.811	0.838
	零星卡具	kg	27.660	27.660	26.090	26.090	2.530
	脱模剂	kg	10.000	10.000	10.000	10.000	10.000
	水	m³	0.001	0.001	0.001	0.001	9.757
机械	汽车式起重机 8t	台班	0.177	0.071	0.133	0.062	—
	载重汽车 5t	台班	0.305	0.340	0.278	0.287	0.233
	木工圆锯机 500mm	台班	0.080	0.080	0.221	0.221	2.194

工作内容:模板制作、安装、拆除,清理杂物、刷隔离剂、整理堆放。　　　　　　　　　计量单位:100m²

定　额　编　号			6-3-38	6-3-39
项　　目			板支模高度超过 3.6m,每增 1m	
			钢支撑	木支撑
名　　称		单位	消　耗　量	
人 工	合计工日	工日	5.079	5.123
	其中 普工	工日	2.032	2.049
	一般技工	工日	3.047	3.074
材 料	圆钉	kg	—	3.350
	钢支撑	kg	7.740	—
	木支撑	m³	—	0.210
机 械	汽车式起重机 8t	台班	0.018	—
	载重汽车 5t	台班	0.036	0.045
	木工圆锯机 500mm	台班	—	0.088

(6) 池　　槽

工作内容:模板制作、安装、拆除,清理杂物、刷隔离剂、整理堆放。

定　额　编　号			6-3-40	6-3-41	6-3-42	6-3-43	6-3-44	6-3-45
项　　目			配、出水槽木模	沉淀池水模	澄清池反应筒壁钢模	澄清池反应筒壁复合木模	导流墙(筒)木模	小型池槽木模
			100m²					10m³
名　　称		单位	消　耗　量					
人 工	合计工日	工日	41.503	40.487	27.657	23.603	22.275	41.547
	其中 普工	工日	16.601	16.195	11.063	9.441	8.910	16.619
	一般技工	工日	24.902	24.292	16.594	14.162	13.365	24.928
材 料	镀锌铁丝 φ3.5	kg	—	—	—	36.860	24.014	—
	圆钉	kg	42.040	13.005	9.880	10.580	17.960	45.100
	铁件(综合)	kg	—	—	6.770	6.770	7.970	—
	嵌缝料	kg	10.000	10.000	—	—	10.000	7.300
	草板纸 80#	张	—	—	30.000	30.000	—	—
	钢模板	kg	—	—	65.760	—	—	—
	木模板	m³	0.841	1.099	0.149	0.149	1.475	1.320
	复合模板	m²	—	—	—	21.000	—	—
	钢支撑	kg	—	—	19.380	—	—	—
	木支撑	m³	0.387	1.388	—	0.298	0.243	0.340
	零星卡具	kg	—	—	38.990	30.570	1.510	—
	尼龙帽 φ1.5	个	—	—	50.000	50.000	—	—
	脱模剂	kg	10.000	10.000	10.000	10.000	10.000	7.300
机 械	汽车式起重机 8t	台班	—	—	0.115	0.071	—	—
	载重汽车 5t	台班	0.179	0.206	0.197	0.197	0.152	0.376
	木工圆锯机 500mm	台班	1.822	1.070	0.027	0.027	0.292	0.672
	木工双面压刨床 600mm	台班	—	0.478	—	—	—	—

3.其　他

工作内容:模板制作、安装、拆除,清理杂物、刷隔离剂、整理堆放。　　　　　　　　　　　计量单位:100m²

定　额　编　号				6-3-46	6-3-47
项　　目				井底流槽	小型构件
				木模	
名　　称			单位	消　耗　量	
人工	合计工日		工日	26.162	36.878
	其中	普工	工日	10.465	14.751
		一般技工	工日	15.697	22.127
材料	圆钉		kg	35.414	76.090
	嵌缝料		kg	—	10.000
	木模板		m³	0.705	0.985
	木支撑		m³	—	0.500
	脱模剂		kg	10.000	10.000
机械	载重汽车 5t		台班	0.233	—
	木工圆锯机 500mm		台班	0.780	—

二、预制混凝土模板工程

1.构筑物及池类

(1)壁　板

工作内容:工具式钢模板安装、清理、刷隔离剂、拆除、整理堆放。　　　　　　　　　　　计量单位:10m³

定　额　编　号				6-3-48	6-3-49	6-3-50	6-3-51	6-3-52	6-3-53
项　　目				平板钢模	平板木模	滤板穿孔板木模	稳流板木模	壁(隔)板木模	档水板木模
名　　称			单位	消　耗　量					
人工	合计工日		工日	3.254	3.318	92.032	7.162	5.181	4.754
	其中	普工	工日	1.302	1.327	36.813	2.865	2.072	1.902
		一般技工	工日	1.952	1.991	55.219	4.297	3.109	2.852
材料	镀锌铁丝 φ0.7		kg	0.343	0.354	0.960	0.530	0.873	0.402
	干混抹灰砂浆 DP M20		m³	0.020	0.020	0.060	0.030	0.050	0.020
	圆钉		kg	—	2.468	81.610	5.540	5.477	2.330
	工具式钢模板		kg	7.035	—	—	—	—	—
	木模板		m³	—	0.144	4.452	0.320	0.345	0.142
	脱模剂		kg	4.830	4.830	49.150	7.880	7.080	4.370
	水		m³	0.005	0.005	0.015	0.007	0.012	0.005
机械	自升式塔式起重机 600kN·m		台班	0.292					
	木工圆锯机 500mm		台班	—	0.027	0.929	0.053	0.044	0.018
	木工双面压刨床 600mm		台班	—	0.027	0.929	0.053	0.044	0.018

(2)柱、梁及池槽

工作内容：工具式钢模板安装、清理、刷隔离剂、拆除、整理堆放。　　　　　　　计量单位：10m³

定 额 编 号			6-3-54	6-3-55	6-3-56	6-3-57	6-3-58
项　　目			矩形柱钢模	矩形板复合木模	矩形梁钢模	矩形梁木模	异形梁木模
名　　称		单位	消　耗　量				
人工	合计工日	工日	12.105	10.938	29.655	26.724	16.017
	其中 普工	工日	4.842	4.375	11.862	10.690	6.407
	一般技工	工日	7.263	6.563	17.793	16.034	9.610
材料	镀锌铁丝 φ3.5	kg	20.089	20.089	22.967	22.967	—
	镀锌铁丝 φ0.7	kg	0.167	0.167	0.242	0.242	0.192
	干混抹灰砂浆 DP M20	m³	0.010	0.010	0.020	0.020	0.010
	圆钉	kg	4.274	4.274	9.200	9.200	9.853
	草板纸 80#	张	15.140	15.140	36.780	36.780	—
	钢模板	kg	11.322	0.740	31.573	4.929	—
	木模板	m³	0.090	0.110	0.070	0.658	0.816
	复合模板	m²	—	0.440	—	1.120	—
	木支撑	m³	0.090	0.090	1.310	1.310	—
	梁卡具(模板用)	kg	11.740	11.740	11.180	11.180	—
	零星卡具	kg	5.896	5.896	20.920	20.920	—
	脱模剂	kg	5.050	5.050	14.290	14.290	9.960
	水	m³	0.002	0.002	0.005	0.005	0.002
机械	汽车式起重机 8t	台班	0.071	0.071	0.142	0.142	—
	载重汽车 5t	台班	0.090	0.090	0.179	0.179	0.296
	木工圆锯机 500mm	台班	0.018	0.018	0.186	0.186	0.292
	木工双面压刨床 600mm	台班	—	—	—	—	0.292

工作内容：工具式钢模板安装、清理、刷隔离剂、拆除、整理堆放。　　　　　　　计量单位：10m³

定 额 编 号			6-3-59	6-3-60
项　　目			集水槽、辐射槽 木模	小型池槽木模
名　　称		单位	消　耗　量	
人工	合计工日	工日	13.994	15.140
	其中 普工	工日	5.598	6.056
	一般技工	工日	8.396	9.084
材料	镀锌铁丝 φ0.7	kg	0.235	0.253
	干混抹灰砂浆 DP M20	m³	0.010	0.033
	圆钉	kg	4.040	8.344
	木模板	m³	0.990	1.180
	脱模剂	kg	11.100	10.000
	水	m³	0.002	0.005
机械	木工圆锯机 500mm	台班	0.142	0.150
	木工双面压刨床 600mm	台班	0.124	0.150

2. 其 他

工作内容:工具式钢模板安装、清理、刷隔离剂、拆除、整理堆放。 计量单位:10m³

定 额 编 号				6-3-61	6-3-62	6-3-63	6-3-64
项 目				槽形板 钢模	槽形板 木模	地沟盖板木模	井盖板 木模
名 称			单位	消 耗 量			
人工	合计工日		工日	12.777	13.807	4.546	10.954
	其中	普工	工日	5.111	5.523	1.818	4.382
		一般技工	工日	7.666	8.284	2.728	6.572
材料	镀锌铁丝 φ0.7		kg	0.505	0.172	0.313	0.859
	干混抹灰砂浆 DP M20		m³	0.030	0.030	0.020	0.050
	圆钉		kg	—	6.967	1.989	2.366
	草板纸 80#		张	—	25.000	—	—
	工具式钢模板		kg	33.542	—	—	—
	木模板		m³	—	—	0.142	0.788
	复合模板		m²	—	0.240	—	—
	木支撑		m³	—	0.150	—	—
	脱模剂		kg	25.000	25.000	6.600	5.220
	水		m³	0.007	0.007	0.005	0.012
机械	门式起重机 10t		台班	0.203	—	—	—
	木工圆锯机 500mm		台班	—	0.147	0.035	0.062
	木工双面压刨床 600mm		台班	—	0.147	0.035	0.062

工作内容:工具式钢模板安装、清理、刷隔离剂、拆除、整理堆放。 计量单位:10m³

定 额 编 号				6-3-65	6-3-66
项 目				井圈木模	小型构件木模
名 称			单位	消 耗 量	
人工	合计工日		工日	23.064	33.741
	其中	普工	工日	9.226	13.496
		一般技工	工日	13.838	20.245
材料	镀锌铁丝 φ0.7		kg	0.324	0.989
	干混抹灰砂浆 DP M20		m³	0.020	0.060
	圆钉		kg	3.988	20.716
	木模板		m³	1.520	1.799
	脱模剂		kg	18.680	21.070
	水		m³	0.005	0.015
机械	木工圆锯机 500mm		台班	0.203	0.487
	木工双面压刨床 600mm		台班	0.203	0.487